大众安全与防护普及知识丛书　总主编　唐克东

常见重大自然灾害及抢险救护

张先起　朱国宇　主编

黄河水利出版社
·郑州·

图书在版编目(CIP)数据

常见重大自然灾害及抢险救护/张先起，朱国宇主编. —郑州：黄河水利出版社，2011.2
(大众安全与防护普及知识丛书/唐克东主编)
ISBN 978-7-80734-994-5

Ⅰ.①常… Ⅱ.①张… ②朱… Ⅲ.①自然灾害-灾害防治-普及读物 Ⅳ.①X43-49

中国版本图书馆 CIP 数据核字(2011)第015395号

出 版 社：黄河水利出版社
地址：河南省郑州市顺河路黄委会综合楼14层　邮政编码：450003
发行单位：黄河水利出版社
发行部电话：0371-66026940、66020550、66028024、66022620(传真)
E-mail：hhslcbs@126.com
承印单位：河南地质彩色印刷厂
开本：850 mm×1 168 mm　1/32
印张：4.5
字数：120千字　印数：1—4 000
版次：2011年2月第1版　印次：2011年2月第1次印刷

定价：22.00元

前 言

我国是世界上人口最多的发展中国家,农民占全部人口的近70%,大众的生活、生产安全是全面建设小康社会、加快推进现代化进程、构建和谐社会、实现经济社会可持续发展的前提条件和基础。我国广大人民群众,尤其是广大农民对大众安全与危害救护知识缺乏了解,对安全常识、危险应对、灾害自救的重要性尚未引起高度重视。这些均与安全知识推广与宣传教育机制不到位,相关科学普及读物比较缺乏有很大的关系。

为了推广与普及安全知识,帮助广大人民群众了解一些常见危险和灾害的基本概念、原理,掌握基本的、实用的救护与应对方法、措施,把公众安全与健康落实到千家万户,尽可能减少各种危害所造成的损失,黄河水利出版社组织编写了大众安全与防护普及知识丛书。该系列丛书包括:《常见重大自然灾害及抢险救护》、《室内环境污染与防护》、《燃气安全使用与消防救护》、《电气安全基础知识》、《小型农田水利基本设施维护与使用》、《农村饮水安全工程知识读本》等。在编写中遵循“坚持标准、内容精练、结合实际、突出应用、通俗易懂”的指导思想,将广大人民群众作为主要的阅读对象,从有利于基层教学和农民自学出发,力求内容能适应基本生活、生产安全的要求。

本系列丛书编写过程中,得到了华北水利水电学院建筑学院院长兼设计院院长张新中教授级高级工程师和省级特聘教授赵顺波的大力支持与帮助,同时得到华北水利水电学院霍洪媛教授、周国峰副教授、刘焕强老师、张英克老师、李雨阁老师,四川大学朱国宇博士,黄河勘测规划设计有限公司张鹏工程师,珠江水利科学研究院李玉起工程师等的大力支持，在此表示衷心的感谢。

对本系列丛书编写过程中参考的书籍、文献和网上资料等的作者表示衷心感谢。

由于编写时间仓促，编者水平有限，书中如有不当和错误之处，敬请广大读者批评指正。

编　者

2010 年 12 月

目　录

第1章　绪　论

自然灾害是指由于自然异常变化造成的人员伤亡、财产损失、社会失稳、资源环境破坏等现象或一系列事件。自然灾害是人类所依赖的自然界中所发生的异常现象，这些现象之中既有地震、火山爆发、泥石流、海啸、台风、暴雪、洪水等突发性灾害，也有地面沉降、土地沙漠化、盐碱化、干旱、海岸线变化等在较长时间变化中才能逐渐显现出的渐变性灾害，还有臭氧层变化、水体污染、水土流失、酸雨等受人类活动影响而产生的环境灾害。

1.1　自然灾害形成原因

自然灾害是怎样形成的呢？纵观人类社会的历史可以看出，发生自然灾害的原因主要有两个：一是自然变异（自然因素），二是人为影响（人为因素）。

自然灾害成因的自然因素有多重含义。第一，自然界的基本要素光、热、水、土、气、动植物等处于变动时，对人类和环境一定会有影响。第二，自然界中一种要素的变化，会引起其他各种环境要素的变化，如地震引发火灾、水灾、疾病等，火山喷发引起气候寒冷、森林火灾、城市毁灭等，海洋地震引起海啸、海潮等，干旱引起病虫害、土地沙化、盐碱化、草场退化、地面沉降、地裂等。而这些变化，同样对人类及其他环境要素造成危害。第三，宇宙中任何天体的变化，不仅会影响其他天体，而且有时会影响地球上人类和其他各种环境要素的变化并造成危害。第四，自然灾害所造成的损失，取决于自然要素变化的强烈程度、时间尺度、发生地区、交通通信状况、政府反应速度和方式等多种因素。

自然灾害成因也有人为因素，它与人类对环境的利用模式和大肆破坏有关。一些人为因素本身就是自然灾害的成因,有些人为因素则加剧了自然灾害的致灾程度。人类长期盲目开发环境资源,对大自然作出超限利用和过度索求,以致产生许多自然灾害,比如各种污染和全球性环境变迁(如全球增温、臭氧层破坏)。人类活动常可使得环境不断恶化,一方面使环境的脆弱性变得显著,自我调整能力变得趋于薄弱;一方面使人类自身抗灾能力亦日益下降;再一方面许多人类破坏环境的过程本身就是自然灾害形成的过程。以洪灾为例,洪水变成洪灾,往往是人类无节制地与水争地,限制水自身合理的活动空间,违反自然之水的运行通道所造成的恶果。

人为因素造成的自然灾害主要有以下几种。

(1)沙尘暴:由于人类活动对地表植被的破坏,造成地表裸露,起风即形成沙尘暴。

(2)温室效应:由于人类大量砍伐树木导致锐减的植物无法吸收激增人口产生的大量二氧化碳,地球吸收的热量无法及时扩散出去,造成地球温度上升。

(3)臭氧空洞:由于人类活动,尤其是制冷剂的使用,排放大量氟利昂等有害物质,造成大气层中臭氧破坏,无法抵御宇宙中紫外线等射线,造成紫外线伤害。

(4)气候反常:温室效应造成地球温度变化,原来形成的气流、洋流等自然现象将由于气温的变化而改变路线或时间,造成气候反常。

(5)水土流失:人类滥砍乱伐,破坏植被,造成水土流失、泥石流、塌方等。

(6)光化学烟雾:由汽车、工厂等污染源排入大气的碳氢化合物(HC)和氮氧化物(NO_x)等污染物,在阳光的作用下发生化学反应,生成臭氧(O_3)、醛、酮、酸、过氧乙酰硝酸酯(PAN)等二次污染物(光化学烟雾)。

(7)城市热岛效应:由于城市人口集中,工业发达,交通拥塞,大气污染严重,且城市中的建筑大多为石头和混凝土建成,它的热传导率和热容量都很高，加上建筑物本身对风的阻挡或减弱作用，可使城市年平均气温比郊区高 2 ℃，甚至更多，在温度的空间分布上，城市犹如一个温暖的岛屿，从而形成城市热岛效应。

(8)湖泊富营养化：人类污水(生活污水、工业废水)不经处理排入湖泊等封闭水体，水中含有的氨氮、磷等物质造成水中藻类疯长，导致水中溶解氧下降，从而造成水中生物死亡，生物死亡又为藻类提供了丰富的有机物，恶性循环，最终导致湖泊富营养化。

人口过快增长，对资源的利用增加，加上不合理的开发，必然造成环境质量下降、生态破坏等一系列不利影响，这也是当今世界自然灾害发生的主要原因。对于人为因素，我们应该多从人类自身找原因，建立新的人类生产生活模式，改变人类利用自然的态度。

1.2 主要危害

自然灾害危害面广、破坏性大，对人民生命财产安全、社会经济发展造成了极大的影响与危害，概括起来，主要有以下 10 个方面的危害。

1.2.1 对人身的危害

自然灾害特别是重大或突发性的灾害，可以造成人员大量伤亡。如 1976 年 7 月 28 日唐山 7.8 级大地震，死亡 24.2 万人。与此同时，也造成疾病的传播与心理健康危害。

1.2.2 对城市的危害

对城市影响最大的是突发性自然灾害，灾害来势愈猛，灾情发展愈迅速，城市损失则愈严重。在各种自然灾害中对城市影响最大的是地震、洪水、风暴潮等。另外，龙卷风、滑坡、泥石流、地裂缝、塌陷、冰雪等对城市也构成严重的威胁。

随着城市的发展,许多渐变自然灾害,如地面沉降、海水入侵、水质污染、热岛效应、土地沙漠化等,也对城市造成愈来愈大的危害。我国西北一些古代城市已经被沙漠吞没,现在一些城市也已“沙临城下”。

1.2.3 对工业和矿业的危害

工矿区是人口密集、社会财富集中的地区之一,一旦发生灾害,往往也是危害程度高的地区。在所有的自然灾害中,地震、洪水、大风、风暴潮、滑坡、泥石流等高强度灾害对工矿企业的危害不容忽视,可以使整个企业或其中一部分顷刻毁灭,造成巨大损失。如,1976年唐山大地震100亿元损失中,大部分是工矿企业损失。

砂土液化、地面下沉、地裂缝可危及厂房基础。矿井中突水、突瓦斯、崩塌、冒顶、突泥、岩爆等灾害可使矿井毁坏或停产。30多年来,我国煤矿因突水淹没全井共58次,部分淹井64次,经济损失达27亿元。突瓦斯事件每年约1 000次以上,瓦斯突出总量达30亿m^3,每年约损失10亿元。

自然灾害对生命线工程,包括水、电、燃料的供应和交通的破坏,对机器设备的破坏,给工矿企业造成的危害是显而易见的。此外,自然变异,如湿度、雷电、温度变化,对生产工艺也可造成很大的损失,如高温易发生火灾,高温高湿易使设备及原材料腐蚀。1988年7月的高温,全国工业减产达124亿元。

有些自然灾害,如旱灾、农作物病虫害等,虽然不直接破坏工矿业,但其造成的后果,如水资源匮缺、农产品减产等,也在很大程度上影响工矿业的发展。1959~1961年,连年干旱引起了我国经济全面衰退。1986年,全国200个城市因缺水损失达200亿元。

特别需要提出的是,由于人类对环境的破坏,造成的空气污染、水资源污染、温室效应等,对工矿业的发展亦显示出越来越严重的威胁。

1.2.4 对农业的危害

我国是农业大国,因此农业对灾害的反应最敏感,损失最严重。2005年以来全国约有耕地18亿亩,每年平均有6亿~7亿亩蒙受水、旱、雹、风、冻、雪、霜等气象灾害的危害,少收粮食200亿kg,倒房300万间,受灾人口2亿多人。每年约有10亿亩庄稼发生病虫草害,约损失粮食200亿kg。

滑坡、泥石流、水土流失、土地盐碱化、土地沙化及地震,也经常对农业生产造成破坏。据不完全统计,1949~1990年至少有130万亩耕地被山地地质灾害毁掉。

1.2.5 对森林的危害

几乎所有的自然灾害对森林都有一定的破坏作用,其中尤以森林火害与病虫鼠危害最大。目前,森林病虫害有6 500多种,每年的发生面积都在1亿亩以上,枯死500万亩,减少木材生长量1 000万m^3,年经济损失约10亿元。

我国每年约发生森林火灾4 660次,平均烧毁森林面积1 500万亩,每年因火灾损失约10亿元。

1.2.6 对牧业的危害

草原沙化、恶性杂草传播、干旱、雪灾、冻害是牧区的主要威胁。

我国可利用的草原面积约33.65亿亩,每年约退化2 000万亩。牧区每年因气象灾害一般年份牲畜死亡5%,灾年可达24%左右。1977年10月,内蒙古东部降了历史上罕见的大雪,仅锡林郭勒盟损失各类家畜达300万头(只)。1989年春青海雪灾,全省死亡成畜70多万头(只)、仔畜96万头(只),直接损失达1.7亿元。1990年春西藏雪灾,损失6亿元。

1.2.7 对渔业的危害

由于连年干旱,水资源趋势性减少,致使许多河、湖干涸。20世纪70年代我国大于1 km^2 的湖泊约有3 000个,现在约1/3以上已干涸。特别是水质污染,对渔业造成了灭绝性的灾害。洞庭湖水面积在30年内减少37%,影响了淡水渔业的发展。

海洋渔业受到赤潮危害的程度按等比级数增加,如渤海沿海1990年因赤潮损失达2亿元以上。

1.2.8 对交通的危害

滑坡、泥石流、洪水、雪灾、风沙对陆路交通的危害巨大。全国蒙受地质灾害的铁路总长达9 980 km,每年因此而中断交通100多次,尤以成昆、宝成、陇海铁路严重。1989年夏季,17个省、市、区因洪水冲毁路基3 370 km,冲毁砂石路15 260 km,冲毁沥青路面4 000多km,冲毁桥梁294座。

台风、巨浪是海上交通的最大威胁,1949~1992年间,巨浪沉船达1 500艘。1989年浙江、广东、海南三省沿岸因巨浪沉船3 408艘。江河航运除受到洪水和因干旱造成的河水浅枯的影响外,滑坡、泥石流也有很大威胁,特别是我国西南部,经常因此而断航,甚至沉船。

由气象造成的航空事故也很多,如1989年南京因降大到暴雪,机场关闭5天。

另外,高温、雨、雾等天气也往往使交通设施受到毁灭性的破坏。

1.2.9 对生态环境的危害

灾害是在人类生存环境里发生的,当人类的生存环境受到破坏时就会导致灾害;而灾害一旦发生,往往又进一步破坏人类生存的环境。如，火灾和病虫草害毁坏森林和草原，使生态环境恶化；干旱、风灾往往加速土地沙化；地面沉降和地形变化可使地表水与地下水泄流不畅而使水质污染程度增高。

1.2.10 对心理和社会的影响

大的自然灾害特别是突发性强的自然灾害（如大地震发生）后，往往引起人们恐惧、慌乱、悲哀、绝望甚至心理变化，加上灾害对经济的破坏，往往引起社会动荡不安。我国历史上多次农民起义，都是发生在灾年。

第 2 章　水旱灾害

水旱灾害自古以来就是人类面临的主要自然灾害。在我国各种自然灾害中，尤以水旱灾害发生频繁、影响范围广、伤亡人口多、经济损失大。我国地形复杂，东西部、南北方的自然地理条件差异很大，全国的河流总长度约为 42 万 km，流域面积超过 100 km^2 的河流达 5 万多条，水资源总量为 2.8 万亿 m^3，但人均占有量只有世界平均水平的 1/4。受季风气候影响，我国降水时空分布极不均匀，全年降水量主要集中在 6 ~9 月。水资源南多北少，东多西少，东南沿海及西南部分地区年平均降水量在 2 000 mm 以上，西北与西部地区不足 200 mm，且降水量年际间变化幅度较大，丰水年的降水是枯水年的 2 ~8倍，这种特殊的水资源状况也决定了我国是一个水旱灾害频繁而严重的国家。

2.1　洪涝灾害

2.1.1　概述

洪涝或洪水是自然界的一种正常现象，洪灾是洪水给人类的生存和社会发展带来不利后果的一种现象。与其他自然灾害（如干旱、地震、火山爆发等）一样，洪灾的发生与否通常总是以人员伤亡或社会财产损失为标志。人类最初是回避洪水，择高而居，洪水淹没的是荒芜的河滩地或没有人烟的洪泛区，并不能构成洪水成灾。而是随着生产力的发展，洪泛区被人类侵占、垦殖，洪水才侵犯人类的利益，从而形成洪灾。

在各种自然灾害中，洪涝是最常见且又危害最大的一种。洪水出现频率高，波及范围广，来势凶猛，破坏性极大。洪水不但淹没房屋和造成大量人员伤亡，而且还卷走人类居住地的一切物品，并淹没农田、毁坏作物，导致粮食大幅度减产，从而造成饥荒。洪水还会破坏工厂房屋、通信与交通设施，从而对国民经济造成影响。

洪涝灾害可分为洪水灾害和雨涝灾害两大类型，由于洪水和雨涝往往同时或连续发生在同一地区，所以进行灾情调查统计和分析研究时，大多难以准确界定区别，统称为洪涝灾害。

我国是世界上洪涝灾害频繁而严重的国家之一，作为中华民族母亲河的黄河，在历史上曾决口泛滥 1 500 多次，大的改道 26 次。公元 1117 年，黄河决口淹死 100 多万人。公元 1642 年，黄河泛滥，开封城内 37 万人，被淹死 34 万人。1931 年，中国发生特大水灾，有 16 个省受灾，其中最严重的是安徽、江西、江苏、湖北、湖南、山东、河北、浙江 8 省，受灾面积达 14 170 万亩，半数房屋被冲，近半数的居民流离失所，不少人举家逃难，加上其带来的次生灾害，造成社会动荡，受灾人口达 1 亿人，死亡 370 万人，种种惨象令人触目惊心。

2.1.2　常用专业术语

2.1.2.1　**暴雨**

暴雨是降水强度很大的雨，一般指每小时降雨量 16 mm 以上，或连续 12 小时降雨量 30 mm 以上，或连续 24 小时降雨量 50 mm 以上的降水。

暴雨特别是持续时间久、强度大的暴雨常常造成洪涝灾害，给人民生命财产和社会经济发展带来损害。造成洪涝灾害的因素是多方面的，除气象因素外，还有如水土流失、环境破坏、湖泊蓄洪能力降低等因素。但从许多历史事实看，出现持续时间长、强度大的暴雨，甚至特大暴雨往往是洪涝灾害的主要原因。

对于暴雨的定量标准，各地并不一致，视具体情况而定。气象上大致规定暴雨按强度分为三级：

◆暴雨：12 小时雨量等于和大于 30 mm，或 24 小时雨量等于和大于 50 mm；

◆大暴雨:12 小时雨量等于和大于 70 mm,或 24 小时雨量等于和大于 100 mm;

◆特大暴雨:12 小时雨量等于和大于 140 mm,或 24 小时雨量等于和大于 250 mm。

2.1.2.2 **汛期**

汛期是指江河、湖泊洪水在一年中明显集中出现,容易形成洪涝灾害的时期。由于各河流所处的地理位置和涨水季节不同,汛期的长短和时序也不尽相同。

根据洪水发生的季节和成因不同,一般可分为 4 种汛期:夏季暴雨为主产生的涨水期称为伏汛期,秋季暴雨(或强连阴雨)为主产生的涨水期称为秋汛期,冬、春季河道因冰凌阻塞、解冻引起的涨水期称为凌汛期,春季北方河源冰山或上游封冻冰盖融化为主产生的涨水期以及南方春夏之交进入雨季产生的涨水期称为春汛期。

在黄河上,由于上游开河的凌洪传到下游,正值桃花盛开的季节,故又称春汛期为桃汛期。因为伏汛期和秋汛期紧紧相接,又都极易形成大洪水,一般把二者合称为伏秋大汛期,通常简称为汛期。

中国多数江河的暴雨洪水发生在伏秋大汛期,暴雨洪水的季节性、雨带南北移动与台风频繁活动有密切关系,所以各地区汛期的起止时间不一样。江南地区 4 ~9 月是汛期,5 ~6 月是主汛期;珠江 4 月中旬至 9 月为汛期,其中 4 ~6 月为前汛期,7 ~9 月为后汛期,5 ~6 月是主汛期;长江 5 月至 10 月中旬为汛期,7 ~8 月是主汛期;淮河 6 ~9 月为汛期,7 ~8 月是主汛期;黄河 7 ~10 月为汛期,7 ~8 月是主汛期;海河 7 ~8 月为汛期,7 月下旬至 8 月上旬是主汛期;松花江 7 ~9 月为汛期,8 月下旬至 9 月上旬是主汛期。分析表明,中国各个地区的汛期开始时间随雨带的变化自南向北逐步推迟,而汛期的长度则自南向北逐渐缩短;珠江、钱塘江、瓯江和黄河、汉水、嘉陵江等有明显的双汛期,前者分前汛期和后汛期,后者分伏汛期和秋汛期;7 ~8 月是全国大洪水出现频率最高的时间。

另外,由于暴雨比洪水超前,加上防汛工作的需要,政府部门规定的汛期一般要比自然汛期的时间要长一些。比如政府部门规定珠江汛期起止时间为4月1日~9月30日,长江为5月1日~10月31日,黄河为7月1日~10月31日,松花江为6月1日~9月30日等。

2.1.2.3 **警戒水位**

警戒水位是指在江、河、湖泊水位上涨到河段内可能发生险情的水位。一般来说,有堤防的大江大河多取决于洪水普遍漫滩或重要堤段水浸堤脚的水位,也是堤防险情可能逐渐增多时的水位,总之,它是我国防汛部门规定的各江河堤防需要处于防守戒备状态的水位。到达该水位时,堤防的防汛进入重要时期,防汛部门要加强戒备,密切注意水情、工情、险情的发展变化,此时,有关领导应组织带领部分防汛队伍上堤参加防汛,做好防洪抢险人力、物力的准备,并要做好可能出现更高水位的准备工作。

警戒水位主要是防洪部门根据长期防汛实践经验和堤防等工程出险基本规律分析确定的。中国大江大河及湖泊是以水文(水位)控制站作为河段或区域的代表,拟定警戒水位,经上级部门核定颁布下达。

我国在沿海一些港区或重要地区也设定警戒水位,它的含义是相当于当地防御水位较低的防潮工程的高程,潮位超过警戒水位,则有局部地区受淹。警戒水位由潮位站与当地防汛部门共同商定,经上级部门颁布下达。

2.1.2.4 **保证水位**

保证水位是汛期堤防及其附属工程能保证安全运行的上限洪水位。当洪水达到或低于这一水位时,有关部门有责任保证堤防等有关工程的安全。保证水位是制定保护对象度汛方案的重要依据,也是体现防洪标准的具体指标。

保证水位的拟定是以河流曾经出现的最高水位为依据,考察上下游关系、干支流关系以及保护区的重要性,进行综合分析、合理拟定,并经上级主管机关批准。在实际工作中,多采用河段控制站或重要跨堤建筑物的历年防汛最高洪水位。如长江汉口站的保证水位，1954 年以前定为 28.28 m，即 1931 年实际最高洪水位；1954 年以后定为 29.73 m，即 1954 年实测洪水位。

2.1.2.5 洪峰流量

洪峰流量是指当发生暴雨或融雪时，在流域各处所形成的径流，都依其远近先后汇入河槽，这时河水流量开始增加，水位相应上涨，随着汇入河网的径流从上游向下游不断汇集，河水流量继续增大，当流域大部分高强度的径流汇入时，河水流量增至最大值，此时流量为洪峰流量，单位为 m^3/s。

2.1.2.6 特大洪水

特大洪水是指由暴雨、急骤融冰化雪、风暴潮等自然因素引起的江河、湖海水量迅速增加或水位迅猛上涨的重现期超过 50 年的洪水。

可以根据降水量、洪峰流量等观测调查资料，按其出现的稀有程度，来衡量它的大小和等级，在水文学上习惯称为“频率”。“洪水频率”常以% 表示，水文上一般采用 0.01%、0.1%、1%、10%、20% 来衡量不同量级的洪水。洪水频率越小，表示某一量级以上的洪水出现的机会越少。比如，洪水频率为 0.01%，则为万年一遇洪水；洪水频率为 1%，则为百年一遇洪水。

水文上除采用洪水频率衡量洪水的大小外，也常用重现期（以年为单位）来表示，重现期是指某量级的洪水在很长一段时期内平均多少年出现一次。如某一量级的洪水的重现期为 100 年（俗称百年一遇洪水），是指这个量级的洪水在很长一段时期内平均每 100 年出现一次的可能性，但不能理解为每隔 100 年出现一次。实际情况是这种洪水可能 100 年内不止出现一次，也可能 100 年内一次都不出现。

洪水频率和重现期实际上是衡量洪水量级的一个标准，是确定水利工程、堤防建设规模和等级的重要依据。

2.1.2.7 **防洪标准**

防洪标准是指防洪保护对象达到防御洪水的水平或能力。一般将实际达到的防洪能力也称为已达到的防洪标准。防洪标准可用设计洪水(包括洪峰流量、洪水总量及洪水过程)或设计水位表示。一般以某一重现期(如十年一遇洪水、百年一遇洪水)的设计洪水为标准;也有以某一实际洪水为标准。在一般情况下,当实际发生的洪水不大于设计防洪标准时,通过防洪系统的正确运用,可保证防护对象的防洪安全。水工建筑物的安全设计洪水标准有时也称为防洪标准,二者有一定的联系。

防洪标准的高低,与防洪保护对象的重要性、洪水灾害的严重性及其影响直接有关,并与国民经济的发展水平相联系。国家根据需要与可能,对不同保护对象颁布了不同防洪标准的等级划分。在防洪工程的规划设计中,一般按照规范选定防洪标准,并进行必要的论证,阐明工程选定的防洪标准的经济合理性。对于特殊情况,如洪水泛滥可能造成大量生命财产损失等严重后果时,经过充分论证,可采用高于规范规定的标准。如因投资、工程量等因素的限制一时难以达到规定的防洪标准时,经过论证也可以分期达到。

2.1.2.8 **降雨强度**

降雨强度是指单位时段内的降雨量,以 mm/min 或 mm/h 计。它是描述暴雨的重要指标,强度愈大,降雨愈猛烈。计算时特别要注意的是,相应于某一历时的最大平均降雨强度,所取的历时愈短,则所求得的降雨强度愈大,年降水量高的地区常常出现高强度的降雨。

我国气象部门一般采用的降雨强度标准为:

◆小雨:12 小时内雨量小于 5 mm,或 24 小时内雨量小于 10 mm;

◆中雨:12 小时内雨量为 5 ~ 14.9 mm,或 24 小时内雨量为 10 ~ 24.9 mm;

◆大雨:12 小时内雨量为 15 ~ 29.9 mm,或 24 小时内雨量为 25 ~ 49.9 mm。

2.1.3 分类

洪涝灾害包括洪水和雨涝两大类型。洪水是指气候季节性变化引起的特大地表径流不能被河道容纳而泛滥,或因山洪暴发而使江河水位陡涨,导致河堤决口、水库溃坝、道路和桥梁被毁、城镇和农田被淹没的现象。雨涝指长期大雨或暴雨造成洼地积水不能及时排出,因生雨渍而造成灾害的现象。海面突然上升,使海水登陆而泛滥也可以造成洪涝灾害。

洪水可分为河流洪水、湖泊洪水和风暴洪水等。影响最大、最常见的洪涝是河流洪水,尤其是流域内长时间暴雨造成河流水位居高不下而引发堤坝决口,对地区发展损害最大,甚至会造成大量人口死亡。河流洪水的主要特点是峰高强度大,持续时间长,面积分散,灾害波及范围广。按照成因不同,河流洪水又可分为暴雨洪水、山洪、融雪洪水、冰凌洪水和溃坝洪水。

(1)暴雨洪水。暴雨洪水是由较大强度的降雨形成的,简称雨洪。时间主要集中在雨季,北半球主要集中在夏季,主要威胁江、河、湖、库。

(2)山洪。高山区域内较小的盆地所产生的河流远较流域面积相等的低地所产生的河流流量大,因此山区溪沟中容易发生暴涨暴落的洪水,这就是山洪。由于地面和河床坡降都较陡,降雨后会较快形成急剧涨落的洪峰,所以山洪具有突发、水量集中、破坏力强等特点,但一般灾害波及范围较小。

(3)融雪洪水。融雪洪水多为季节性气温正常变化所引发的洪水。主要发生在高纬度积雪地区或高山积雪地区,时间较有规律,有春、夏两次洪水期。

(4)冰凌洪水。冰凌洪水主要发生在初春,当气候转暖时,这时北方河流封冻的冰块开始融化,由于某些河段由低纬度流向高纬度,在气温上升、河流开冻时,低纬度的上游河段先行开冻,而高纬度的下游河段仍然封冻,上游河水和冰块堆积在下游河床,形成冰坝,也容易造成灾害。在河流封冻时也有可能产生冰凌洪水,如我国黄河、松花江、黑龙江等北方江河。

(5)溃坝洪水。溃坝洪水指大坝或其他挡水建筑物发生瞬时溃决,水体突然涌出,造成下游地区灾害。这种溃坝洪水虽然范围不太大,但破坏力很大。此外,在山区河流上,在地震发生时,有时山体崩滑,堵塞河流形成堰塞湖,一旦堰塞湖溃决,也会形成类似的洪水。这种堰塞湖溃决形成的地震次生水灾的损失,往往比地震本身所造成的损失还要大。

2.1.4 等级划分

结合我国的江河防洪能力,对洪水的等级一般划分如下:

◆重现期在10年以下的洪水,为一般洪水;

◆重现期10~20年的洪水,为较大洪水;

◆重现期20~50年的洪水,为大洪水;

◆重现期超过50年的洪水,为特大洪水。

对于一条江河某场洪水的等级,是综合考虑各种因素后由主管部门审定并发布的,不是指某个单一测站的洪水频率或等级。

根据洪涝灾害所造成的损失和影响,可以将其等级划分为特大灾、大灾、中灾和轻灾。

(1)特大灾。一次性灾害造成下列后果之一的为特大灾:①在县级行政区域造成农作物绝收面积(指减产八成以上,下同)占播种面积的30%以上;②在县级行政区域倒塌房屋间数占房屋总数的1%以上,损坏房屋间数占房屋总间数的2%以上;③灾害死亡100人以上;④灾区直接经济损失3亿元以上。

(2)大灾。一次性灾害造成下列后果之一的为大灾:①在县级行政区域造成农作物绝收面积占播种面积的10%;②在县级行政区域倒塌房屋间数占房屋总数的0.3%以上,损坏房屋间数占房屋总间数的1.5%以上;③灾害死亡30人以上;④灾区直接经济损失3亿元以上。

(3)中灾。一次性灾害造成下列后果之一的为中灾:①在县级行政区域造成农作物绝收面积占播种面积的1.1%;②在县级行政区域倒塌房屋间数占房屋总数的0.3%以上,损坏房屋间数占房屋总间数的1%以上;③灾害死亡10人以上;④灾区直接经济损失5 000万元以上。

(4)轻灾。一次性灾害造成下列后果之一的为轻灾:①在县级行政区域造成农作物绝收面积小于播种面积的1.1%;②在县级行政区域倒塌房屋间数小于房屋总数的0.3%,损坏房屋间数小于房屋总间数的1%;③灾害死亡小于10人;④灾区直接经济损失小于5 000万元。

等级划分标准在轻灾等级基础上,为体现以人为本的理念,进一步将洪涝灾情等级细分为以下三个等级:①轻灾一级。灾区死亡和失踪8人以上;洪涝灾情直接威胁100人以上群众生命财产安全;直接经济损失3 000万元以上。②轻灾二级。灾区死亡和失踪人数5人以上;洪涝灾情直接威胁50人以上群众生命财产安全;直接经济损失1 000万元以上。③轻灾三级。灾区死亡和失踪人数3人以上;洪涝灾情直接威胁30人以上群众生命财产安全;直接经济损失500万元以上。

2.1.5 主要危害

自古以来,洪涝灾害一直是困扰人类社会发展的自然灾害。时至今日,依然是对人类影响最大的灾害,严重损害了区域社会经济的健康发展。洪涝灾害造成的危害主要表现在以下几个方面。

2.1.5.1 造成经济损失与生态环境破坏

洪水泛滥,淹没了农田、房舍和洼地,灾区人民大规模的迁移;各种生物群落也因洪水淹没而造成群落结构的改变和功能的丧失,从而打破原有的生态平衡。比如,野鼠有的被淹死,有的向高地、村庄迁移,造成野鼠和家鼠的比例结构发生变化;洪水淹没村庄的厕所、粪池,大量的植物和动物尸体的腐败,引起蚊蝇滋生和各种害虫的聚集。

2.1.5.2 **污染水源**

洪涝灾害使供水设施和污水排放条件遭到不同程度的破坏，如厕所、垃圾堆、禽畜棚舍被淹，可造成井水和生活饮用水水源地的污染，大量漂浮物及动物尸体留在水面，受高温、日照的作用后，腐败逸散恶臭。这些水源污染以有机物的污染为主，主要反映在微生物指标的数量增加，饮用水安全性降低，极易造成肠道传染病的暴发和流行。

洪水还将地面的大量泥沙冲入水中，使水体感官性状差，浑浊、有悬浮物等。一些城乡工业发达地区的工业废水、废渣、农药及其他化学品未能及时搬运和处理，受淹后可导致局部水环境受到化学污染，或者个别地区储存有毒化学品的仓库被淹，化学品外泄造成较大范围的化学污染与生态灾害。

2.1.5.3 **污染食品**

洪涝灾害期间，食品污染的途径和来源非常广泛，对食品生产经营的各个环节产生严重影响，常可导致较大范围的食物中毒事件和食源性疾病的大面积暴发。

2.1.5.4 **滋生媒介生物**

(1)蚊虫滋生。灾害后期由于洪水退去后残留的积水坑洼增多，使蚊类滋生场所增加，导致蚊虫密度迅速增加，加之人们居住的环境与条件恶化、人群密度大、人畜混杂，防护条件差，被蚊虫叮咬的机会增加而导致蚊媒病的发生。

(2)蝇类滋生。在洪水地区，人群与家禽、家畜都聚居在堤上高处，粪便、垃圾不能及时清运，生活环境恶化，为蝇类提供了良好的繁殖场所，促使成蝇密度猛增，蝇与人群接触频繁，蝇媒传染病发生的可能性很大。

(3)鼠类接触增多。洪涝期间由于鼠群往高地迁移，导致家鼠、野鼠混杂接触，与人接触机会也多，有可能造成鼠源性疾病的暴发和流行。

2.1.5.5 造成传染病流行

(1)疫源地的影响。由于洪水淹没了某些传染病的疫源地,使啮齿类动物及其他病原宿主迁移和扩大,易引起某些传染病的流行。出血热是受洪水影响很大的自然疫源性疾病,洪涝灾害对血吸虫的疫源地也有直接的影响,如因防汛抢险、堵口复堤的抗洪民工与疫水接触,常暴发急性血吸虫病。

(2)传播途径的影响。洪涝灾害改变生态环境,扩大了病媒昆虫滋生地,各种病媒昆虫密度增大,常导致某些传染病的流行,疟疾是最常见的灾后疾病。

(3)洪涝灾害导致人群迁移引起疾病。由于洪水淹没或行洪,一方面使传染源转移到非疫区,另一方面使易感人群进入疫区,这种人群的迁移极易导致疾病的流行。其他如眼结膜炎、皮肤病等也容易因人群密集和接触,增加传播机会。

(4)居住环境恶劣引起疾病。洪水毁坏住房,灾民临时居住于简陋的帐篷之中,白天烈日暴晒易致中暑,夜晚天冷易着凉感冒,年老体弱者、儿童和慢性病患者更易患病。

2.1.6 形成原因

洪涝灾害具有双重属性,既有自然属性,又有社会经济属性。它的形成必须具备自然和社会经济两方面条件。

2.1.6.1 自然条件

形成洪涝灾害的自然条件主要表现在气候异常,降水集中,雨量大。我国是世界上多暴雨的国家之一,降水的年际变化和季节变化大,一般年份雨季主要集中在 7 ~ 8 月,这是产生洪涝灾害的主要原因。洪水是形成洪水灾害的直接原因,只有当洪水自然变异强度达到一定标准,才可能出现灾害。洪水发生的主要因素也受地理位置、气候条件和地形地势的影响。

2.1.6.2 社会经济条件

只有当洪水发生在有人类活动的地方才能成灾。受洪水威胁最大的地区往往是江河的中下游地区，而中下游地区因其水源丰富、地势平坦、气候温和，又常常是经济发达地区，一旦有洪水发生，很容易形成洪涝灾害。

2.1.7　洪灾的防治

随着气候变化和气候极端事件的增多，人类社会经济的发展和人口的不断增长，使洪涝灾害造成的危害越来越大，防洪减灾将是全人类不得不面对的长期而艰巨的任务。

地球陆地的许多地区都存在着洪涝灾害，以江河两岸平原和河口三角洲地带为主，这些地区人口稠密，城市和工业集中，处于政治、经济、文化中心的地位，洪涝灾害往往造成巨大的经济损失和深远的社会影响。因此，我国政府把防洪作为公众福利的安全保障事业，大力进行防洪防涝工程建设，如在上游兴修控制性的大型水库，拦蓄洪水，削减洪峰；在中游进行河道整治，加固堤防，开辟蓄滞洪区，使洪水安全顺畅宣泄，形成一个完整的防洪工程体系；同时，大力进行非工程措施建设，它与工程措施相辅相成，虽然不能改变洪水的特点，但是可以通过政策、法令、行政、技术、经济等手段，减少洪涝灾害损失。

当前防洪减灾的主要工程措施包括：修筑堤防，整治河道，以便将洪水约束在河槽内并顺利向下游输送；修建水库，控制上游洪水来量，调蓄洪水，削减洪峰；在重点保护地区附近修建分洪区（或滞洪、蓄洪区），使超过水库、堤防防御能力的洪水有计划地向分滞洪区内输送，以保护下游地区的安全。

非工程性减灾措施是与工程防洪措施相对应的概念，是在充分发挥防洪工程作用的前提下，通过法令、政策、行政管理、经济手段和直接控制洪水的工程手段以外的其他技术手段，以减少洪灾损失的措施。防洪的非工程措施，并不能减少或调节洪水的来量或增加洪水的出路，而是更多地利用自然和社会条件去适应洪水特性，减少洪水的破坏和损失。

2.1.8 防御与自救

2.1.8.1 暴雨预警信号

暴雨预警信号分为四级,分别以蓝色、黄色、橙色、红色表示。

1)暴雨蓝色预警

标准:

12 小时内降雨量将达 50 mm 以上,或者已达 50 mm 以上且降雨可能持续。

防御指南:

(1)政府及相关部门按照职责做好防暴雨准备工作;

(2)学校、幼儿园采取适当措施,保证学生和幼儿安全;

(3)驾驶人员应当注意道路积水和交通阻塞,确保安全;

(4)检查城市、农田、鱼塘排水系统,做好排涝准备。

暴雨蓝色预警信号

2)暴雨黄色预警

标准:

6 小时内降雨量将达 50 mm 以上,或者已达 50 mm 以上且降雨可能持续。

防御指南:

(1)政府及相关部门按照职责做好防暴雨工作;

(2)交通管理部门应当根据路况在强降雨路段采取交通管制措

施,在积水路段实行交通引导;

(3)切断低洼地带有危险的室外电源,暂停在空旷地方的户外作业,转移危险地带人员和危房居民到安全场所避雨;

(4)检查城市、农田、鱼塘排水系统,采取必要的排涝措施。

暴雨黄色预警信号

3)暴雨橙色预警

标准:

3 小时内降雨量将达 50 mm 以上,或者已达 50 mm 以上且降雨可能持续。

暴雨橙色预警信号

防御指南:

(1)政府及相关部门按照职责做好防暴雨应急工作;

(2)切断有危险的室外电源,暂停户外作业;

(3)处于危险地带的单位应当停课、停业,采取专门措施保护已到校学生、幼儿和其他上班人员的安全;

(4)做好城市、农田的排涝,注意防范可能引发的山洪、滑坡、泥石流等灾害。

4)暴雨红色预警

标准:

3 小时内降雨量将达 100 mm 以上,或者已达 100 mm 以上且降雨可能持续。

暴雨红色预警信号

防御指南:

(1)政府及相关部门按照职责做好防暴雨应急和抢险工作;

(2)停止集会、停课、停业(除特殊行业外);

(3)做好山洪、滑坡、泥石流等灾害的防御和抢险工作。

2.1.8.2 **洪水到前的应对**

洪水到来之前,要尽量做好科学的应对准备工作。

(1)根据当地电视、广播等媒体提供的洪水信息,结合自己所处的位置和条件,冷静地选择最佳路线撤离,避免出现"人未走水先到"的被动局面。

(2)认清路标,明确撤离的路线和目的地,避免因为惊慌而走错路。

(3)选择正确的自我保护措施。

充足的准备、正确的自保措施是洪水到达之前非常重要的自救基础，主要包括：①备足速食食品或蒸煮够食用几天的食品或救生口粮，准备足够的饮用水和日用品；②扎制木排、竹排，搜集木盆、木材、大件泡沫塑料等适合漂浮的材料，加工成救生装置以备急需；③将不便携带的贵重物品作防水捆扎后埋入地下或放到高处，票款、首饰等小件贵重物品可缝在衣服内随身携带；④保存好尚能使用的通信设备；⑤提前准备好救生包。

2.1.8.3 洪水到达时的自救

洪水到来时的自救措施主要包括：

(1)洪水到来时，来不及转移的人员，要就近迅速向山坡、高地、楼房、避洪台等地转移，或者立即爬上屋顶、楼房高层、大树、高墙等高的地方暂避。

(2)如洪水继续上涨，暂避的地方已难以自保，则要充分利用准备好的救生器材逃生，或者迅速找一些门板、桌椅、木床、大块的泡沫塑料等能漂浮的材料扎成筏或器具以逃生。

(3)如果已被洪水包围，要设法尽快与当地政府或防汛部门取得联系，报告自己的方位和险情，积极寻求救援。

注意：千万不要游泳逃生，不可攀爬带电的电线杆、铁塔，也不要爬到泥坯房的屋顶，以免这些建筑倒坍造成人员伤害。

(4)如已被卷入洪水中，切莫惊慌，一定要尽可能抓住固定的或能漂浮的东西，寻找机会逃生。

(5)发现高压线铁塔倾斜或者电线断头下垂时，一定要迅速避开，防止直接触电或因地面“跨步电压”触电。

(6)洪水过后，要做好各项卫生防疫工作，预防疫病的流行。

(7)溺水时，水随呼吸进入呼吸道或肺内，阻碍气体交换，通常称为水窒息。少数因寒冷、惊吓或水的刺激引起喉部反射性痉挛，造成窒息缺氧。淹溺的进程很快，一般4~5分钟或6~7分钟就可因呼吸心跳停止而死亡。因此，必须争分夺秒积极抢救落水人员。

2.1.9 灾后应对

洪涝灾害过后，应积极采取措施进行应对。

2.1.9.1 加强饮用水卫生管理

1）水源的选择与保护

应在洪水上游或内涝地区污染较少的水域选择饮用水水源取水点，并划出一定范围，严禁在此区域内排放粪便、污水与垃圾。有条件的地区宜在取水点设码头或栈道，以便能离岸边一定距离处取水。

2）退水后水源的选择

无自来水的地区，尽可能利用井水为饮用水水源。水井应有井台、井栏、井盖，井的周围30 m内禁止设有厕所、猪圈以及其他可能污染地下水的设施。取水应有专用的取水桶，有条件的地区可延伸现有的自来水供水管线。

3）对饮用水进行净化消毒

煮沸是十分有效的灭菌方法，在有条件时可采用过滤方法，但在洪涝灾害期间，最主要的饮用水消毒方法是采用消毒剂消毒。

4）加强供水设施消毒

被洪水淹没过的水源或供水设施重新启用前必须清理消毒，检查细菌学指标合格后才能重新启用。经水淹没过的井必须进行清淤、冲洗与消毒。先将水井掏干，清除淤泥，用清水冲洗井壁、井底，再掏尽污水，待水井自然渗水到正常水位后，投加漂白粉浸泡12～24小时后，抽出井水，待自然渗水到正常水位后，按正常消毒方法（一吨水加漂白粉4 g，如污染较重加漂白粉8 g）消毒，即可投入正常使用。

2.1.9.2 加强食品卫生管理

1）水灾地区需要重点预防食物中毒

（1）霉变粮食引起的霉菌毒素食物中毒：常由食用了霉变的大米引起。

（2）细菌性食物中毒：常由动物性食品、已死亡的畜禽肉和没有很好冷藏(如肉、蛋类食品)或存放时间长的熟食(如米饭、蔬菜)引起。

(3)化学性食物中毒:一般由误食有毒物质引起,由于灾区环境的变化和临时居住地的条件所限,农药、亚硝酸盐及其他工业用化学物质容易被误食。

(4)有毒动、植物性食物中毒:误食猪甲状腺、肾上腺和含毒的鱼类会引起有毒动物性食物中毒;食用未经充分加热的豆浆、扁豆或发芽土豆、有毒磨菇会引起有毒植物性食物中毒。

2)发生食物中毒的现场处理

(1)病人的救治与报告。病人的急救治疗主要包括催吐、洗胃、灌肠以及对症治疗和特殊解毒药物治疗。食物中毒报告的内容应包括发生地点、时间、人数、典型症状和体征、治疗情况、中毒食物和采取的措施,同时应注意采集病人标本以备送检。

(2)停止食用中毒食品。封存现场的中毒食品或疑似中毒食品,待调查确认不是中毒食物以后才能食用;通知追回或停止食用其他场所的中毒食品或疑似中毒食品。

(3)食物及环境的消毒处理工作。对中毒食品进行无害化处理或销毁,并对中毒场所采取相应的消毒处理。对细菌性食物中毒,固体食品可用煮沸消毒 15 ~ 30 分钟处理;液体食品可用漂白粉消毒。对病人的排泄物、呕吐物可用 20% 石灰乳或漂白粉消毒(1 份排泄物加 2 份消毒液混合放置 2 小时),周围环境可采用过氧乙酸进行喷洒消毒。对于化学性或有毒动植物性食物中毒,应将引起中毒的有毒物进行深埋处理。

3)加强灾区食品卫生监督管理

特别是水淹过的食品生产经营单位应做好食品设备、容器、环境的清洁消毒工作,经当地卫生行政部门验收合格后方可重新开业,并加强对其食品和原料的监督,防止食品污染和使用发霉变质原料。

4)开展对预防食物中毒的宣传教育

主要宣传不能食用的食品,包括被水浸泡过的食物,已死亡的畜禽、水产品,被水淹过的已腐烂的蔬菜、水果,来源不明的、非专用食品容器包装的和无明确食品标志的食品,严重发霉(发霉率在30%以上)的大米、小麦、玉米、花生等,其他已腐败变质的食物和不能辨认是否有毒的蘑菇等。

2.1.9.3 加强环境卫生

1)对灾民住所的卫生要求

首先要选择安全和地势较高的地点,搭建帐篷、窝棚、简易住房等临时住所,做到先安置、后完善。其次注意居住环境卫生,不随地大小便和乱倒垃圾污水,不要在棚子内饲养畜禽。

2)厕所卫生和粪便处理措施

(1)在灾民聚集点选择合适地点、合理布局、因地制宜、就地取材,搭建应急临时厕所,要求做到粪池不渗漏(或用陶缸、塑料桶等作为粪池)。

(2)尽量利用现有的储粪设施储存粪便,如无储粪设施,可将粪便与泥土混合泥封堆存,或用塑料膜覆盖,四周挖排水沟以防雨水浸泡、冲刷。在应急情况下,可在适宜的稍高地点挖一圆形土坑,用防水塑料膜作为土地的衬里,把薄膜向坑沿延伸20 cm,用土压住,粪便倒入池内储存,加盖密封,发酵处理。也可采用较大容量的塑料桶、木桶等容器收集粪便,装满后加盖,送至指定地点暂存,待水灾过后运出处理。有条件时用机动粪车及时运走。

(3)集中治疗的传染病病人粪便必须用专用容器收集,然后消毒处理。散居病人的粪便处理过程为:粪便与漂白粉的比为5:1,充分搅合后,集中掩埋;粪便内加入等量的石灰粉,搅拌后再集中掩埋。禁止将病人粪便倒入溪水中,以防止疾病传播。

3)垃圾的收集和处理方法

(1)根据灾民聚集点的实际情况,合理布设垃圾收集站点,可用砖砌垃圾池、金属垃圾桶(箱)或塑料垃圾袋收集生活垃圾,有专人负责清扫、运输,做到日产日清。

(2)及时将垃圾运出,选地势较高的地方进行堆肥处理,用塑料薄膜覆盖。四周挖排水沟,同时用药物消毒杀虫,控制苍蝇滋生。

(3)对一些传染性垃圾可采用焚烧法处理。

4)人畜尸体的处理

对正常死亡者尸体应尽快运出进行火化处理。对甲乙类传染病死亡者,应做好卫生消毒,以最快速度运出火化。对环境清理中清出的家畜、家禽和其他动物尸体应用漂白粉或生石灰处理后进行深埋。

5)洪水退后的环境清理工作

水退过后,开展群众性的爱国卫生运动,在广泛进行健康教育的基础上,水淹地区的村庄和住户必须进行彻底的室内外环境清理,做到洪水退到哪里,环境清理就搞到哪里,消、杀、灭工作就跟到哪里。

(1)组织清理室外环境。整修道路,排除积水,填平坑洼,清除垃圾杂物,铲除杂草,疏通沟渠,掏除水井内污泥,修复厕所和其他卫生基础设施,掩埋禽畜尸体,进行环境消毒,消除疫病发生的危险因素,使灾区的环境卫生面貌在短期内恢复到灾前水平。

(2)凡是水淹地区的住户,水退后首先由专人对原住房的质量进行安全性检查,确认其牢固性,然后打开门窗,通风换气,清洗家具,清理室内物品,整修家庭厕所,修缮禽畜棚圈,全面清扫室内和院落,清除垃圾污物。必要时将房间的墙壁和地面进行消毒。对室内和临时居住点带回的日常生活用品可进行煮沸消毒或在日光下暴晒。待室内通风干燥、空气清新后方可搬入居住。

6)消毒

由于洪水导致多种微生物混合污染,其中又以肠道致病微生物为主,因此要特别重视食物、饮用水、居住环境的消毒。在消毒方法和消毒剂的选择方面,要求简便易行、价格便宜、供应充足。应有专人负责保护水源和饮用水消毒;同时要搞好环境卫生消毒。对受淹的房屋公共场所要分类做好卫生消毒工作,要有专人负责,做好消毒剂的集中供应、配制和分发工作,做好消毒常识宣传,组织群众实施消毒措施并具体指导其正确使用。

2.1.9.4 传染病控制

(1)强化灾区预防性的干预措施。加强环境卫生管理,清除垃圾、污物,掩埋动物尸体,进行粪便和家畜管理,改善居住环境。积极保护水源,开展打井或饮用水消毒,使灾民清洁饮用水。

(2)控制传染源,阻断传播途径。在某些传染病疫区应有重点地控制传染源,开展自然疫源地的灭鼠活动,在灾民密集的居住地清除蚊蝇滋生地,有效地控制和消灭病媒害虫。强化食品卫生管理,防止"病从口入",控制食源性疾病的发生。

(3)加强疫情监测,建立疫情报告网络。在洪涝灾害这一非常时期,要特别重视疫情报告及疫情监测,保持疫情监测系统的敏感性,这是做好救灾防病工作的前提。发生传染病疫情,要按"早发现、早报告、早隔离、早治疗"的原则,积极处理疫情。在重点灾区或传染病多发地区设立疫情监测点、严密监视疫情动态。灾区一旦发生重大传染病疫情或不明原因疾病暴发,要按照《突发公共卫生事件应急条例》、《突发公共卫生事件与传染病疫情监测信息报告管理办法》等法规与规章的要求,及时反馈信息,及时通报和报警。发生疾病特别是不明原因疾病暴发,责任报告人应当以最快的通信方式向当地疾控机构报告疫情(2 小时内进行网络直报,同时以电话或传真等方式报告同级卫生行政部门),以便采取预防决策。同时,加强对流动人口的疫情监测工作,防止疫情的交叉传播。

(4)提高人群免疫水平,发挥计划免疫效力。水灾打乱了正常的工作程序,灾民移动分散,人群免疫水平难以控制。有必要对某些疾病进行疫苗的应急接种和服药预防,有针对性地开展强化免疫和预防服药等,以控制灾区的传染病暴发流行。

(5)加强特殊人群的健康保护,维护灾民身体健康。儿童、老、弱、病、残及孕妇等特殊人群的身体抵抗力差,由于灾害期间过度疲劳和紧张,再加上环境恶劣、营养不良、生活不安定、日晒雨淋和虫咬,日夜不能安息,处于机体内外病因交加之中极易患病。因此,对这类特殊人群应加强预防性保健,控制疾病的流行。

(6)大力开展爱国卫生运动。改善临时住地的卫生条件，是减少疾病发生的重要环节。同样，还要开展卫生知识宣传教育，养成灾民良好的卫生习惯，提倡不喝生水，饭前便后要洗手。

2.1.9.5 媒介生物控制

1)防蚊的主要措施

(1)环境治理。

(2)防蚊驱蚊，有条件的灾区，在住处装上纱门、纱窗，或使用经药物浸泡过的蚊帐；睡觉前点燃蚊香(或电热蚊香)，亦可用市售驱蚊剂涂在身体暴露部位。

(3)室内(帐篷内)、外进行药物喷洒，如奋斗钠、三氯杀虫酯等。

2)防蝇措施

(1)清理环境，减少滋生场所。

(2)室内(帐篷内)、外进行药物喷洒，也可以使用粘蝇纸、诱蝇笼或苍蝇拍人工捕蝇。

3)灭鼠措施

洪水期间的临时聚居地属于特殊环境，开展灭鼠时应注意：

(1)多用器械灭鼠，如鼠笼、鼠夹等，但不能使用电子猫，更不能拉电网捕鼠。此时鼠洞较浅，取水方便，还可用水或泥浆灌洞。

(2)慎用毒饵，当鼠密度很高，或人群受到鼠源疾病严重威胁时，则应在严密组织、充分宣传的基础上，开展毒饵灭鼠。

(3)确保人畜安全，不能用熟食配制毒饵，毒饵必须有警告色。投饵工作由受过培训的灭鼠员承担，投饵点应有醒目标记，投饵后及时搜寻死鼠，管好禽畜，保藏好食品，照看好小孩。投饵结束应收集剩饵，焚烧或在适当地点深埋。卫生部门要做好中毒急救的准备。为避免鼠死后离开鼠体的虫类叮咬，最好在灭鼠的同时，在居住区喷洒杀虫剂。

2.1.9.6 健康教育

洪涝灾区健康教育是促进救灾防病措施落实的重要保证。健康教育必须与受灾这种非常时期、非常环境和非常对象相适应。教育的内容不仅要和教育对象的心理、文化、素质等相适应，而且应根据灾情、气象、疾病、卫生服务等因素的变化和灾民对健康教育需求层次的变化进行精心组织。

2.2 干旱灾害

干旱是一种因长期无雨或少雨造成空气干燥、土壤缺水的气候现象。它是干旱、半干旱地区气候的基本特征，在半湿润地区，如因气候异常，某一段时间降水量比多年平均值大大偏少，也会出现干旱，亦称季节性干旱。作物体一旦由于干旱引起严重缺水，就会影响正常生长发育而造成损害。长期的大范围干旱形成旱害，将使农作物大幅度减产，甚至颗粒无收。旱害是历史上常见的自然灾害，受害面积最大、范围最广，对农业生产的危害最重。

2.2.1 分类

2.2.1.1 根据干旱程度

根据干旱的程度，干旱灾害可以分为小旱、中旱、大旱和特大旱。

(1)小旱。连续无降雨天数，春季达16~30天、夏季16~25天、秋冬季31~50天，造成的损失小。主要特点是降水较常年偏少，地表空气干燥，土壤出现水分轻度不足，对农作物有轻微影响。

(2)中旱。连续无降雨天数，夏季26~35天、秋冬季51~70天，造成的损失小。主要特点为降水持续较常年偏少，土壤表面干燥，土壤出现水分不足，地表植物叶片白天有萎蔫现象，对农作物和生态环境造成一定影响。

(3)大旱。连续无降雨天数，春季达46~60天、夏季36~45天、秋冬季71~90天，造成的损失较大。主要特点为土壤出现水分持续严重不足，土壤出现较厚的干土层，植物萎蔫，叶片干枯，果实脱落，对农作物和生态环境造成较严重影响，对工业生产、人畜饮水产生一定影响。

(4)特大旱。连续无降雨天数,春季在61天以上、夏季在46天以上、秋冬季在91天以上,造成的损失非常大。主要特点为土壤出现水分长时间严重不足,地表植物干枯、死亡,对农作物和生态环境造成严重影响,对工业生产用水、人畜饮水产生较大影响。

2.2.1.2 按干旱发生季节

根据干旱所发生的季节可分为春旱、夏旱、秋旱、冬旱和季节连旱。

(1)春旱。春旱指3~5月期间发生的干旱。春季正是越冬作物返青、生长、发育和春播作物播种、出苗的季节,特别是北方地区,春季本来就是“春雨贵如油、十年九春旱”的季节,假如降水量比正常年份偏少,发生严重干旱,不仅影响夏粮产量,还造成春播基础不好,影响秋作物生长和收成。

(2)夏旱。夏旱指6~8月发生的干旱,三伏期间发生的干旱也称伏旱。夏季为晚秋作物播种和秋作物生长发育最旺盛的季节,气温高、蒸发大,干旱会影响秋作物生长以致减产,夏旱造成土壤底墒不足,还会影响到下季作物(如冬小麦等越冬作物)的生长。这期间正是雨季,长时间干旱少雨,水库、塘坝蓄不上水,将给冬春用水造成困难。

(3)秋旱。秋旱指9~11月发生的干旱。秋季为秋作物成熟和越冬作物播种、出苗的季节,秋旱不仅会影响当年秋粮产量,还影响下一年的夏粮生产。

(4)冬旱。冬旱指12月~翌年2月发生的干旱。冬季雨雪少将影响来年春季的农业生产。

(5)季节连旱。两个或两个以上季节连续受旱,则称为连旱。如春夏连旱、夏秋连旱、秋冬连旱、冬春连旱或春夏秋三季连旱等。

2.2.1.3 根据干旱的成因

根据干旱的成因,可以将其分为气象干旱、农业干旱、水文干旱和社会经济干旱。

(1)气象干旱。气象干旱指持续的、不正常的干燥天气导致缺水,引起严重水文不平衡。最明显的表现是降雨量持续低于某一正常值。气象干旱也称大气干旱,通常主要以降水的短缺作为指标。

(2)农业干旱。农业干旱是指在农作物生长发育过程中,因降水不足、土壤含水量过低和作物得不到适时适量的灌溉,致使供水不能满足农作物的正常需水而造成农作物减产。体现干旱程度的主要因素有降水、土壤含水量、土壤质地、气温、作物品种和产量,以及干旱发生的季节等。

(3)水文干旱。水文干旱侧重地表或地下水水量的短缺,它是指某一给定的水资源管理系统下,河川径流在一定时期内满足不了供水需要所形成的干旱。如果在一段时期内,流量持续低于某一特定的阈值,则认为发生了水文干旱,阈值的选择可以依据流量的变化特征,或者根据水需求量来确定。

(4)社会经济干旱。社会经济干旱是指由于经济、社会的发展,需水量日益增加,以水量影响生产、消费活动等来描述的干旱。其指标常与一些经济商品的供需联系在一起。社会经济干旱指标主要评估由于干旱所造成的经济损失,通常拟用损失系数法,即认为航运、旅游、发电等损失系数与受旱时间、受旱天数、受旱强度等诸因素存在一种函数关系。虽然各类干旱指标可以相互借鉴引用,但其结果并非能全面反映各学科的干旱问题,要根据研究的对象选择适当的指标。

2.2.2 危害

我国是一个人口大国,粮食问题始终是关系国家安全、社会稳定的重大战略问题,与其他自然灾害相比,旱灾是影响我国粮食生产的主要因素,因为旱灾造成的粮食损失要占全部自然灾害粮食损失的一半以上。据统计分析,我国受旱面积 20 世纪 50 年代年均为 1.7 亿多亩,90 年代年均 3.64 亿亩,50 年代因干旱年均损失粮食 43.5 亿 kg,90 年代为 195.7 亿 kg。干旱始终困扰着我国经济、社会特别是农业的发展。

干旱的直接危害主要表现在造成农牧业减产、人畜饮水发生困难,农牧民群众陷于贫困之中,干旱的间接危害是引发其他自然灾害的发生。

2.2.2.1 **危害农牧业生产**

气象条件影响作物的分布、生长发育、产量及品质的形成,而水分条件是决定农业发展类型的主要条件。干旱由于其发生频率高,持续时间长,影响范围广,后延影响大,成为影响我国农业生产最严重的气象灾害,干旱是我国主要畜牧气象灾害,主要表现在影响牧草、畜产品及加剧草场退化和沙漠化等方面。

2.2.2.2 **促使生态环境进一步恶化**

对生态环境的危害主要表现在以下三个方面:

(1)气候暖干化造成湖泊、河流水位下降,部分干涸和断流。由于干旱缺水造成地表水源补给不足,河流断流、干涸,湖泊水库枯萎,只能依靠大量超采地下水来维持居民生活和工农业发展,然而超采地下水又导致了地下水位下降、漏斗区面积扩大、地面沉降、海水入侵等一系列的生态环境问题。

(2)干旱导致草场植被退化。我国大部分地区处于干旱、半干旱和亚湿润的生态脆弱地带,气候特点为夏季盛行东南季风,雨热同季,降水主要发生在每年的5~9月。北方地区雨季虽然也是每年的5~9月,但存在着很大的空间异质性,有十年九旱的特点。由于气候环境的变迁和不合理的人为干扰活动,导致了植被严重退化,进入21世纪以后,连续几年干旱有加重的趋势,而且是春夏秋连旱,对脆弱的生态系统非常不利。

(3)气候干旱加剧土地荒漠化进程。

2.2.2.3 **引发其他自然灾害发生**

冬春季的干旱易引发森林火灾和草原火灾。自2000年以来,由于全球气温的不断升高,导致北方地区气候偏旱,林地地温偏高,草地枯草期长,森林地下火和草原火灾有增长的趋势。

2.2.3　干旱预警信号

干旱预警信号分二级，分别以橙色、红色表示。干旱指标等级划分，以《气象干旱等级》（GB/T 20481—2006）中的综合气象干旱指数为标准。

2.2.3.1　干旱橙色预警

标准：

预计未来一周综合气象干旱指数达到重旱（气象干旱为25～50年一遇），或者某一县（区）有40%以上的农作物受旱。

干旱橙色预警信号

防御指南：

（1）有关部门和单位按照职责做好防御干旱的应急工作；

（2）有关部门启用应急备用水源，调度辖区内一切可用水源，优先保障城乡居民生活用水和牲畜饮水；

（3）压减城镇供水指标，优先经济作物灌溉用水，限制大量农业灌溉用水；

（4）限制非生产性高耗水及服务业用水，限制排放工业污水；

（5）气象部门适时进行人工增雨作业。

2.2.3.2　干旱红色预警

标准：

预计未来一周综合气象干旱指数达到特旱（气象干旱为50年

以上一遇),或者某一县(区)有60%以上的农作物受旱。

干旱红色预警信号

防御指南:

(1)有关部门和单位按照职责做好防御干旱的应急和救灾工作;

(2)各级政府和有关部门启动远距离调水等应急供水方案,采取提外水、打深井、车载送水等多种手段,确保城乡居民生活和牲畜饮水;

(3)限时或者限量供应城镇居民生活用水,缩小或者阶段性停止农业灌溉供水;

(4)严禁非生产性高耗水及服务业用水,暂停排放工业污水;

(5)气象部门适时加大人工增雨作业力度。

2.2.4 干旱的预防

从原因上讲,干旱导致的灾害程度、范围、持续时间等,不仅与大气环流系统的异常有关,而且与人类活动息息相关;从结果上讲,受损害最大的是人类自身。因此,我们必须更多地从我们自身去找原因、找出路。在制定干旱防治策略和措施时,应在充分了解自然界的基础上,结合人类的能力和弱点,有针对性地综合考虑当前与未来、局部与全局、技术与管理之间的关系。

2.2.4.1 基本策略

1)预防为主,防治结合

旱灾是否发生取决于自然界本身,但旱灾发生后对人类社会所造成的损失,则在很大程度上取决于人类自身,取决于人们是否做好了充分的思想准备和物质准备。中长期天气预报的精度应进一步提高,以便给人们以充足的时间进行抗灾和救灾,即使做不到这一点,也要充分估计到它的可能性和严重性,做好各种情况下的应急准备工作。而一旦旱灾发生,就要想方设法地去减少由此造成的损失,尽力做到高效有序。

2)转变思想,着眼全局,面向未来

旱灾发生的概率及由此产生的不同程度经济损失的风险是逐年变化的。制定社会经济发展规划和安排生产时,一定要树立风险意识,要学会算大账,加强宏观意识,与其大规模高速发展生产,在短期内获得较大的经济收益和财富积累,而由于突发的大旱灾让我们损失得更多、大伤元气,倒不如稳扎稳打,根据旱灾发生的风险安排生产和生活,把受旱灾影响大的生产项目作适当调整。我们需要制定切合实际的长远规划和目标,但具体实施时一定要分阶段分步骤,把大目标分解成小目标,切不可再犯极“左”路线下好大喜功式的一刀切。我们现在的科技水平是可以做到这一点的,科学的规划与决策,由此避免的经济损失足以弥补由于漠视风险而造成的巨大损失,将旱灾造成的损失降至最低程度就是对和谐社会建设的最大贡献。

3)把节水作为一项战略任务来抓,建立健全整个社会和整个国民经济体系的节水管理制度和措施

总的来说,我国的气候条件并不优越,水资源不足的问题将始终困扰着我们,不仅数量有限,而且由于地质的原因和环境污染的影响,其质量也不高,造成有些地方即使有水也不能利用的尴尬局面。这种国情并非家喻户晓,需要我们大张旗鼓地加以宣传,减少和最终杜绝水的浪费。为了做到这一点,健全的法律法规及各项切实可行的规章制度是必需的,应纳入各级政府、各级组织、各种社团、各企事

业单位，乃至每个家庭的计划，树立节水观念，加强管理，把水资源对我们社会经济发展的制约降到最低水平。

2.2.4.2 主要措施

1）改善生态环境

干旱地区是中国生态环境脆弱、气候条件复杂的地区。由于干旱缺水，恶化的生态环境，不但极大地制约着经济发展和社会进步，而且对中华民族的生存环境构成严重威胁。减轻干旱的危害，目前首要的任务是遏制住恶化的生态环境，然后统筹考虑生态环境的治理、保护和改善，谋求生态环境与经济社会的协调发展，使干旱的生态环境步入良性循环轨道。干旱地区宜坚持生态环境保护优先的原则，实施预防为主、源头控制战略，要从根本上预防新的环境污染和生态环境破坏的产生。

2）优化农业生产结构

农业对干旱最为敏感，也最为脆弱，受干旱影响最大。要减轻干旱对农业的影响，实现农业跨越式发展的出路是推进农业生产结构的调整，实现经济效益和生态效益双丰收。

3）兴修水利和科学灌溉，提高水资源的利用率

在农业生产中要重视兴修水利，修建水库，这不仅有利于抗旱，也有利于防洪。对于常出现干旱的地区，利用水库推广节水灌溉技术，发展灌溉农业尤为重要。

4）实施调水工程

国家已在修建南水北调工程，将长江水引到北方，以缓解北方的干旱问题。但修建南水北调工程时，要特别注意保护水源地的水质和工程沿线的生态环境。

5）其他防治旱灾的措施

（1）重视气象预报，做好抗旱决策。我国气象部门历来把干旱等气象灾害作为监测和预报的主要内容。因此，要重视气象预报，充分利用这一重要信息，做好抗旱决策，采取减轻旱灾的措施。

（2）人工增雨。人工增雨是抗旱减灾的主动性措施。其方法是

在有形成降雨条件的云层中撒催化剂，促使云层早下雨、下大雨。我国早在1958年就开展了人工影响天气的试验。目前，已有诸多省、区、市进行了人工增雨作业，获得了许多宝贵的经验，取得了显著效果。

(3)拦截和蓄存雨水。拦截和蓄存雨水可采用多种方法，如修筑山间塘坝、水窖、集雨窖及排水、用水的统一管理等。

2.2.4.3 农业防御干旱的措施

(1)种植耐旱作物和品种，如谷子、豆类、胡麻等。

(2)修建水平梯田、条田，可比坡耕地蓄水量增加5成以上。

(3)早伏耕，伏耕闭口或雨后耙耱，以增加土壤贮水量。

(4)采取滴灌、喷灌、渗灌等节水灌溉措施。

(5)根据不同作物的需水临界期，灌关键水。如小麦是孕穗到抽穗期，玉米是“大喇叭口”期到乳熟期，高粱和谷子是孕穗到灌浆期，马铃薯是开花到块茎形成期。

(6)用地膜、秸秆或砾石覆盖，可以减少土壤水分消耗。

(7)将保水剂掺入土壤，抑制土壤水分蒸发。

(8)用黄腐酸等抗旱剂拌种或对叶片喷施，减少水分蒸腾，抗旱增产效果明显。

(9)麦收后尽早深耕、翻耕灭茬，及时耙耱，增加土壤蓄水保墒能力。

(10)在降水特少、干旱严重年份，可采取等雨来了再耕的方法，实现耕播一次完成。

(11)利用道路、场院、屋面等天然集流场，配套修建蓄水窖。

(12)在山、川、塬利用集流槽，实行涝池与泥窖配套。

(13)渠、井、窖结合，在机井周围、渠道沿线兴建蓄水窖，既可贮备水源，又可扩大灌溉。

2.2.4.4 城市干旱防御措施

(1)建立严格的水资源管理制度，实行计划用水和节约用水。

(2)加强节水工程建设，实现水的良性循环。

(3)开展洪水、雨水的管理和利用,增加新的水源。

2.2.5 应对方法

2.2.5.1 加强旱情预防预报,增强防御能力

增强防御和减轻自然灾害能力,要用不断发展的科学认识自然,用现代科学技术手段防灾减灾,依靠科技进步,提升灾情研究、监测、预报和预警水平。迄今为止,仍没有覆盖全国的旱情监测网络,时逢大旱,问题尤为突出。据了解,逐级报上来的旱情,几乎层层有水分,真实性和准确性大打折扣,对领导科学决策、指挥抗旱、合理分配抗旱物资和资金增加了不少困难。

解决这一问题的根本途径是通过建立旱情分析及抗旱统计信息系统,利用先进、科学的气象卫星遥感遥测技术,结合地面土壤墒情监测网的实测资料,对全国土壤墒情的动态变化情况进行实时监测,快速、准确地捕捉全国旱情分布及其演变信息,分析受旱程度和旱情发展趋势,提供土壤墒情信息彩图,加强旱情的预测和预报,为决策部门提供及时、准确的旱情及抗旱信息。科学地评估旱灾损失和抗旱效益,提出防旱、抗旱、减灾决策建议,使旱灾造成的损失减少到最低程度。

2.2.5.2 加快水利现代化进程,提高水利资源利用效率

大力抓好水利信息化建设,完善和提升各大型灌区、各级水利管理部门水情水质监测及调度决策支持系统,显得尤为重要。这一目标完全实现后,将大大提高信息采集、传输的时效性和自动化水平,为实现水资源的优化配置提供更加强有力的手段,为防汛抗旱决策提供更为准确的科学依据,为水利更好地服务于经济社会发展创造条件。

2.2.5.3 大力发展节水农业,增强抗旱意识

农业是用水大户,解决农业用水问题,既要因地制宜增加抗旱水源,积极开展春季农田水利基本建设,鼓励农民对直接受益的小型农田水利设施投工投劳,又要大力推广节水灌溉技术,扩大有效灌溉面

积，培育和推广优良粮食品种。加强对保护性耕作技术、冬小麦综合节水技术等现有节水农业技术的集成推广，全面推行农业节水抗旱技术。

1）积极推广节水灌溉技术

（1）田间地面灌水技术。改土渠为防渗渠输水灌溉，可节水20%左右。在习惯大水漫灌或大畦大沟灌溉的地方，推广宽畦改窄畦，长畦改短畦，长沟改短沟，控制田间灌水量，提高灌水的有效利用率，是节水灌溉的行之有效措施。

（2）管灌。即管道输水灌溉，就是将低压管道埋设地下或铺设地面将灌溉水直接输送到田间，常用的输水管多为硬塑管或软塑管。该技术具有投资少、节水、省工、节地和节省能耗等优点。与土渠输水灌溉相比，管灌一般可省水30%～50%。

（3）微灌技术。微灌有微喷灌、滴灌、渗灌及微管灌等。是将灌水加压、过滤，经各级管道和灌水器具灌于作物根际附近，微灌属于局部灌溉，只湿润部分土壤。对部分密播作物适宜。微灌技术的节水效益更显著。与地面灌溉相比。可节水80%～85%。微灌可以与施肥结合，利用施肥器将可溶性的肥料随水施入作物根区，及时补充作物所需要水分和养分，增产效果好。目前，微灌一般应用于大棚栽培和高产高效经济作物。

（4）喷灌技术。喷灌是将灌溉水加压，通过管道，由喷水嘴将水喷洒到灌溉土地上。喷灌是目前大田作物较理想的灌溉方式，与地面输水灌溉相比，喷灌一般能节水50%～60%。但喷灌所用管道需要压力高，设备投资较大，能耗较大，成本较高，目前多在高效经济作物或经济条件好、生产水平较高的地区应用。

（5）关键时期灌水。在水资源紧缺的条件下，应选择作物一生中对水最敏感对产量影响最大的时期灌水，如禾本科作物拔节初期至抽穗期和灌浆期至乳熟期、棉花花铃期和盛花期、大豆的花芽分化期至盛花期等。在关键时期灌水可提高灌溉水的有效利用率。

（6）利用科学的水土保持方法，改善生态环境，提高土壤含水量，减少干旱的发生频率。

2）大力提倡节水抗旱栽培技术

（1）深耕深松。以土蓄水，深耕深松，打破犁底层。加厚活土层，增加透水性，加大土壤蓄水量。减少地面径流，更多地储蓄和利用自然降水。据在棕壤土上试验，小麦秋种前深耕 29 cm 加深松到 35 cm，其渗水速度比未深耕松地块快 10～12 倍，较大降水不产生地面径流，使降水绝大部分蓄于土壤中。据测定，活土层每增加 3 cm，每亩蓄水量可增加 70～75 m^3。加厚活土层又可促进作物根系发育，扩大根系吸收范围，提高土壤水分利用率。

（2）选用抗旱品种。以种植和节省水分。不同作物间的耐旱性差异较大，被称为作物界骆驼的谷子、地瓜、花生等作物抗旱性强，在缺水旱作地区应适当扩大种植面积。同一作物的不同品种间抗旱性也有较大差异。抗旱品种较一般品种根系发达具有深而广的贮水性和调水网络，具有受旱后较强的水分补偿能力。

（3）增施有机肥。平衡施肥，以肥补水，增施肥料，可降低生产单位产量用水量，在旱作地上施足有机肥可降低用水量 50%～60%。在有机肥不足的地方要大力推行秸秆还田技术，增加土壤有机质，提高土壤的抗旱能力。平衡施肥，合理施用化肥，也是提高土壤水分利用率的有效措施。

（4）防旱保墒的田间管理。主要是正确运用中耕和镇压保蓄土壤水分。

（5）地面覆盖保墒。一是薄膜覆盖，在春播作物上应用可增温保墒，抗御春旱，盖膜麦田比裸地麦田土壤水分高 3%～5%，小麦增产 20% 左右。二是秸秆覆盖，即将作物秸秆粉碎，均匀地铺盖在作物或果树行间，减少土壤水分蒸发，增加土壤蓄水量，起到保墒作用。

3）增强化学调控抗旱措施

（1）保水剂。它是由同分子构成的强吸水树脂，能在短时间内吸收其自身重量几百倍至上千倍的水分，将保水剂用做种子涂层。幼苗蘸根，或沟施、穴施，或地面喷洒等方法直接施到土壤中，就如同给种子和作物根部修了一个小水库。使其吸收土壤和空气中的水分,又能将雨水保存在土壤中,当遇旱时它保存的水分能缓慢释放出来,供种子萌发和作物生长需要。保水剂可使小麦增产 10% ~ 15%,地瓜增产 30% ~35%,棉花、花生增产 18% ~21%。

(2)抗旱剂。抗旱剂目前应用较广泛的主要是黄腐酸制剂,属于抗蒸腾剂,叶面喷洒能有效地控制气孔的开张度,减少叶面蒸腾,有效地抗御季节性干旱和干热风的危害。喷洒一次可持效 10 ~ 15 天。除叶面喷洒外可用做拌种、浸种、灌根和蘸根等,提高种子发芽率,出苗整齐,促进根系发达,可缩短移栽作物的缓苗期,提高成活率。

第3章　气象灾害

大气对人类的生命财产和国民经济建设及国防建设等造成的直接或间接的损害,被称为气象灾害,它是自然灾害中的原生灾害之一。气象灾害是自然灾害中最为频繁而又严重的灾害。我国是世界上自然灾害发生十分频繁、灾害种类甚多,造成损失十分严重的少数国家之一。每年由于高温、大风、暴雨、大雪、低温严寒、沙尘暴等灾害危及人民生命和财产的安全,国民经济也受到了极大的损失,而且,随着经济的高速发展,气象灾害造成的损失亦呈上升发展趋势,直接影响着社会和经济的发展。

3.1　高　温

3.1.1　概述

高温灾害是发生于夏季、属于干旱类的一种气象灾害。它主要因空气温度高而伤害动植物,引发交通、水电及其他事故,给工农业生产和人民生活带来严重影响,甚至造成损失。

高温灾害是指当时的气温等于或大于35 ℃,动植物不能适应这种环境而引发各种事故的灾害现象。气象学上,气温在35 ℃以上时可称为“高温天气”,如果连续几天最高气温都超过35 ℃时,即可称做“高温热浪”天气。

一般来说,高温通常有两种情况,一种是气温高而湿度小的干热性高温;另一种是气温高、湿度大的闷热性高温,称为“桑拿天”。

我国对高温灾害性天气进行了规定,对于长城以南:最高气温≥38 ℃或最高气温≥35 ℃同时绝对湿度≥34 hPa;对于长城以北:最高气温≥36 ℃或最高气温≥33 ℃同时绝对湿度≥32 hPa,即可认为高温灾害。

夏季，高温酷暑与副热带高压活动有密切关系，副热带高压控制范围内是比较均匀的暖气团，盛行下沉气流，天气晴朗少云。因此，它在一个地域控制的时间越长，出现高温的可能性越大，高温也越严重。一般来说，我国的高温天气区域随着副热带高压的移动而移动。6 月份，副热带高压脊线移到北纬 20°附近时，华南开始出现高温天气；7 月上中旬，副热带高压脊线移过北纬 25°，在 25°～30°间徘徊时，长江流域开始进入高温期；8 月上旬，副热带高压脊线越过北纬 30°以后，华北也会出现高温天气。

3.1.2　高温预警信号

高温预警信号分为三级，分别以黄色、橙色、红色表示。

3.1.2.1　高温黄色预警

标准：

连续三天日最高气温将在 35 ℃以上。

防御指南：

（1）有关部门和单位按照职责做好防暑降温准备工作；

（2）午后尽量减少户外活动；

（3）对老、弱、病、幼人群提供防暑降温指导；

（4）高温条件下作业和白天需要长时间进行户外露天作业的人

高温黄色预警信号

员应当采取必要的防护措施。

3.1.2.2　**高温橙色预警**

标准：

24 小时内最高气温将升至 37 ℃以上。

防御指南：

（1）有关部门和单位按照职责做好防暑降温保障措施；

（2）尽量避免在高温时段进行户外活动，高温条件下作业的人员应当缩短连续工作时间；

（3）对老、弱、病、幼人群提供防暑降温指导，并采取必要的防护措施；

（4）有关部门和单位应当注意防范因用电量过高，以及电线、变压器等电力负荷过大而引发的火灾。

高温橙色预警信号

3.1.2.3　**高温红色预警**

标准：

24 小时内最高气温将升至 40 ℃以上。

防御指南：

（1）有关部门和单位按照职责采取防暑降温应急措施；

（2）停止户外露天作业（除特殊行业外）；

（3）对老、弱、病、幼人群采取保护措施；

（4）有关部门和单位要特别注意防火。

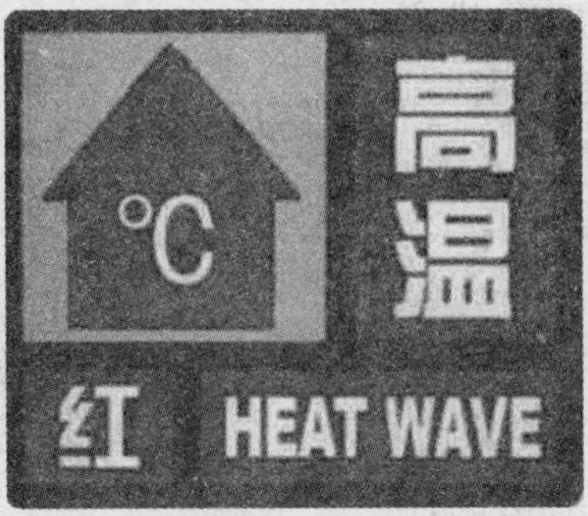

高温红色预警信号

3.1.3 主要危害

3.1.3.1 对生活的影响

人的体内温度是恒温的,正常情况是在37 ℃左右。人在活动时会产生热量,为保持体内温度恒定,人体会散发热量。高温使人容易中暑,为了防暑就容易改变原来的生活规律,造成电力超负荷严重时将迫使政府采取分区性停电而影响居民的一般生活起居。

3.1.3.2 对农业的影响

以水稻为例,长期高温将影响水稻正常开花授粉,造成后期结实率偏低,空秕粒增多。高温天气也容易造成灌浆乳熟阶段的稻籽粒灌浆时间明显缩短、提前成熟,导致籽粒饱满度和米质变差,粒重降低,影响产量。高温天气持续时间越长、日最高气温越高,对水稻的危害就越严重。

3.1.3.3 对商业的影响

连续高温天气将使部分商业不得不开始错峰让电,以尽量保证居民用电,但这样必将影响其生产、经营活动,减少经济效益。

3.1.3.4 对人体健康的影响

高温对人体健康的影响主要是产生中暑,以及诱发心、脑血管疾病而导致死亡。人体在过高环境温度作用下,体温调节机制暂时发生障碍,而发生体内热蓄积,导致中暑。在夏季闷热的天气里,还易出现热伤风(夏季感冒)、腹泻和皮肤过敏等疾病。原因是在高温环境下,人体代谢旺盛,能量消耗较大,而闷热又常使人睡眠不足、食欲不振,造成人体免疫力下降,此时再不加节制地使用空调或电扇来解暑,人体长时间处于过低温度环境里,机体适应能力减退,抵抗力下降,病菌、病毒就会乘虚而入,容易引起上呼吸道感染(感冒);另外,高温高湿环境,细菌、病毒等微生物大量滋生,食物极易腐败变质,食用后会引起消化不良、急性胃肠炎、痢疾、腹泻等疾病的发生;再有人们从室外高温环境回到家中,习惯马上打开空调或用电风扇直吹,吃些冰镇食品,这一冷一热立马见效,马上就开始腹泻;闷热天气,人体排汗不畅,还容易导致皮肤过敏症。

3.1.4 高温作业

3.1.4.1 分类

高温作业几乎遍布于工业生产的所有行业,如炼钢、炼铁、造纸、塑料生产、水泥生产等。高温作业主要可以分为以下三类。

1)高温、强热辐射作业

(1)冶金工业的炼焦、炼铁、炼钢等车间;

(2)机械制造工业的铸造车间;

(3)陶瓷、玻璃、建材工业的炉窑车间;

(4)发电厂(热电站)、煤气厂的锅炉间等。

2)高温高湿作业

(1)纺织印染等工厂;

(2)深井煤矿中。

3)夏天露天作业

夏天露天作业主要为建筑工地、大型体育竞赛等。

3.1.4.2 危害

高温作业时,人体会出现一系列生理功能改变,这些变化在一定限度内是适应性反应,但如超过范围,则会产生不良影响,甚至引起病变。

1）对生理功能的影响

（1）体温的调节。高温作业的气象条件、劳动强度、劳动时间及人体的健康状况等因素，对体温调节都有影响。

（2）水盐代谢。高温作业时，排汗显著增加，可导致机体损失水分、氧化钠、钾、钙、镁、维生素等，如不及时补充，可导致机体严重脱水、循环衰竭、热痉挛等。

（3）循环系统。高温作业时，心血管系统经常处于紧张状态，可导致血压发生变化。高血压患者随着高温作业工龄的增加而增加。

（4）消化系统。可引起食欲减退、消化不良，胃肠道疾病的患病率随工龄的增加而增加。

（5）神经内分泌系统。可出现中枢神经抑制，注意力、工作能力降低，易发生工伤事故。

（6）泌尿系统。由于大量水分经汗腺排出，如不及时补充，可出现肾功能不全、蛋白尿等。

2）中暑性疾病

按发病机制和临床表现的不同，分为热射病、热痉挛、热衰竭三种类型。

（1）热射病。由于体内产热和受热超过散热，引起体内蓄热，导致体温调节功能发生障碍。热射病是中暑最严重的一种，病情危重，死亡率高。

典型症状为：急骤高热，肛温常在 41 ℃以上，皮肤干燥，热而无汗，有不同程度的意识障碍，重症患者可有肝肾功能异常等。

（2）热痉挛。热痉挛是由于水和电解质的平衡失调所致。

临床表现特征为：明显的肌痉挛时有收缩痛，痉挛呈对称性，轻者不影响工作，重者痉挛甚剧，患者神志清醒，体温正常。

（3）热衰竭。热衰竭是热引起外周血管扩张和大量失水造成循环血量减少，颅内供血不足而导致发病的。

主要临床表现为：先有头昏、头痛、心悸、恶心、呕吐、出汗，继而昏厥，血压短暂下降，一般不引起循环衰竭，体温多不高。

3.1.4.3 **保护措施**

1）改善工作条件，配备防护设施、设备

卫生部、劳动和社会保障部和全国总工会《防暑降温措施暂行办法》规定：工矿企业应采取包括合理安排高温车间的热源、隔热措施以及通风等各种措施，降低高温作业场所温度。应合理安排作业时间和工间休息，高温作业车间应设有通风良好的工间休息室。

2）加强个人防护

应采用结实、耐热、透气性好的织物制作工作服，并根据不同作业的需求，供给工作帽、防护眼镜、面罩等。如高炉作业工种，须佩戴隔热面罩和穿着隔热、通风性能良好的防热服。

3）加强健康监护

从预防的角度，要做好高温作业人员的就业前和入暑前体检，凡有心血管疾病、中枢神经系统疾病、消化系统疾病等高温禁忌症者，一般不宜从事高温作业，应给予适当的防治处理。医务人员应进行巡回医疗和防治观察，发现中暑患者及时进行救治。

4）科学的防暑保障供给

供给防暑降温清凉饮料、降温品和补充营养；选用盐汽水、绿豆汤、豆浆、酸梅汤等作为高温饮料，饮水方式以少量多次为宜；可准备毛巾、风油精、藿香正气水以及仁丹等防暑降温用品；此外，要制定合理的膳食制度，膳食中要补充维生素 A、B1、B2、C 和钙。

3.1.5 预防与救护

3.1.5.1 高温预防措施

出现高温时，应做好以下防护措施：

（1）尽量留在室内，并避免阳光直射。必须外出时要打遮阳伞、穿浅色衣服、戴宽沿帽。

(2)少食多餐。一顿饭吃的东西越多,为了消化这些食物,身体产生代谢热量也就越多,特别注意少吃高蛋白的食物,它们产生的代谢热量尤其多。

(3)室内空调温度不要过低。空调无法使用时,选择其他降温方法,比如向地面洒些水等。

(4)温水冲澡。浑身大汗时不宜立即用冷水洗澡,应先擦干汗水,稍事休息再用温水洗澡,最好是用稍低于体温的温水冲澡或沐浴,特别是在睡前进行。

(5)避免剧烈运动。剧烈活动将激活身体能量,增加内部温度。

(6)宜吃咸食,多饮凉白开水、冷盐水、白菊花水、绿豆汤等;不要过度饮用冷饮或含酒精饮料,酒精可能导致身体缺水,矿泉水或低糖汽水是更好的选择。

(7)吃辛辣食物。尽管大热天里吃这些东西难以想象,但辛辣食物可以刺激口腔内的热量接收,提高血液循环,导致大量出汗,这些有助于降低体温。

(8)使用冰袋。可重复使用的冰袋是很好的降低皮肤温度的工具,里面预充的液体有降温效果。

(9)凉水冲手腕。每隔几小时用自来水冲手腕 5 秒钟,因为手腕是动脉流过的地方,这样可降低血液温度。

(10)选好枕具。使用羽毛或绒毛枕头,枕套最好是棉质的,合成纤维的枕套会积累热量。

3.1.5.2 常用解暑饮品

预防中暑除要注意身体状况、环境、饮食和常备一些藿香正气水、十滴水、仁丹等防暑药品外,多喝防暑降温饮料也是预防中暑的最佳方法之一。下面介绍几种常见的降温饮品。

(1)山楂汤。

制作方法:山楂片 100 g、酸梅 50 g 加 3.5 kg 水煮烂,放入白菊花 100 g 烧开后捞出，然后放入适量白糖，晾凉饮用。

（2）冰镇西瓜露。

制作方法：西瓜去皮、去子，瓜瓤切丁，连汁倒入盆内冰镇。然后用适量冰糖、白糖加水煮开，撇去浮沫，置于冰箱冷藏。食用时将西瓜丁倒入冰镇糖水中即可。

（3）绿豆酸梅汤。

制作方法：绿豆 150 g、酸梅 100 g 加水煮烂，加适量白糖，晾凉饮用。

（4）金银花（或菊花）汤。

制作方法：金银花（或菊花）30 g，加适量白糖，开水冲泡，凉后即可饮用。

（5）西瓜翠衣汤。

制作方法：西瓜洗净后切下薄绿皮，加水煎煮 30 分钟，去渣加适量白糖，凉后饮用。

（6）椰汁银耳羹。

制作方法：银耳 30 g 洗净后用温水发开，除去硬皮，与椰汁 125 g、冰糖及水适量，煮沸即成。

3.1.5.3 高温中暑救护

中暑分为热射病、热衰竭、热痉挛三种类型。一旦有人发生中暑现象，应立即进行急救。救护方法与步骤为：

（1）立即将病人移到通风、阴凉、干燥的地方。

（2）让病人仰卧，解开衣扣，脱去或松开衣服。同时开电风扇或空调，尽快散热。

（3）尽快冷却体温，降至 38 ℃以下。

（4）意识清醒的病人或经过降温清醒的病人可饮服绿豆汤、盐水等解暑。

（5）可服用仁丹和藿香正气水。对于重症中暑病人，要立即拨打 120 电话，求助医生。

3.2 龙卷风

3.2.1 概述

风对人类的生活具有很大影响,它可以用来发电,帮助致冷和传授植物花粉。但是,当风速和风力超过一定限度时,它也可以给人类带来巨大灾害。龙卷风灾害是由极其猛烈的旋风横扫地面上的物体,使人民生命财产遭受严重损失的灾害现象。龙卷风灾害多发于夏季,是属于风雹类的一种气象灾害,是自积雨云中下伸的漏斗状云体,形状像一个大漏斗,轴线一般垂直于地面,在发展的后期因上下层风速相差较大可呈倾斜状或弯曲状。龙卷风的尺度很小,中心气压很低,造成很大的水平气压梯度,从而导致强烈的风速,往往达到每秒一百多米,破坏力非常大。在陆地上,能把大树连根拔起,毁坏各种建筑物和农作物,甚至把人、畜一并升起;在海洋上,可以把海水吸到空中,形成水柱。虽然这种风少见,范围小,但造成的灾情却很严重。在全世界人员死亡最严重的10种自然灾害中,龙卷风排在第四。

当龙卷风发生在水面上,常吸水上升如柱,称水龙卷,民间谓之"龙吸水";当它发生在陆地上时,称为陆龙卷。

龙卷风在世界各地都有发生,但以北纬20°~50°的中纬度地区最多,全世界每年有记录的龙卷风在1 000个以上,其中美国平均700个以上。我国大部分省(自治区、直辖市)都有龙卷风的踪迹,平均每年在100个以内,且多集中在东半部地区。

3.2.2 主要特点

(1)影响范围小。龙卷风有影响范围小的特点。水龙卷的致灾范围相比陆龙卷更小,一般水龙卷的直径在10~100 m,陆龙卷的直径也不过100~1 000 m。因此,龙卷风过后,往往会留下一窄条状的破坏带,在破坏带旁边的物体即使近在咫尺,也不会有任何损害。

(2)周期短。龙卷风有生命周期短的特点。龙卷风从生成到消亡时间较短,一般只有几分钟,最长也不超过几小时。龙卷风出现的季节一般在 5 ~9 月,出现的时间大多数在午后到傍晚,有时夜间也会出现。

(3)破坏力大。龙卷风有破坏力大的特点。由于龙卷风风力强,气压低,因此破坏力特别大。所以,在龙卷风经过的地方,常常大树被拔起或折断,车辆被掀翻,建筑物被摧毁,有时一幢高楼的上面几层被卷去,或楼房的半幢被卷走,破坏十分严重。

(4)地域性强。龙卷风的出现有明显的地域性特点。从全球分布来看,龙卷风主要发生在20° ~50°的中纬度地区。我国的龙卷风大多数集中在东半部地区,以华东的江苏、上海、安徽、浙江、山东和湖北、广东省等地相对较多。

3.2.3　大风预警信号

大风(除台风外)预警信号分四级,分别以蓝色、黄色、橙色、红色表示。

3.2.3.1　**大风蓝色预警**

标准:

24 小时内可能受大风影响,平均风力可达 6 级以上,或者阵风 7

大风蓝色预警信号

级以上;或者已经受大风影响,平均风力为 6 ~7 级,或者阵风 7 ~8 级并可能持续。

防御指南:

(1)政府及相关部门按照职责做好防大风工作;

(2)关好门窗,加固围板、棚架、广告牌等易被风吹动的搭建物,妥善安置易受大风影响的室外物品,遮盖建筑物资;

(3)相关水域水上作业和过往船舶采取积极的应对措施,如回港避风或者绕道航行等;

(4)行人注意尽量少骑自行车,刮风时不要在广告牌、临时搭建物等下面逗留;

(5)有关部门和单位注意森林、草原等防火。

3.2.3.2 大风黄色预警

标准:

12 小时内可能受大风影响,平均风力可达 8 级以上,或者阵风 9 级以上;或者已经受大风影响,平均风力为 8 ~9 级,或者阵风 9 ~10 级并可能持续。

大风黄色预警信号

防御指南:

(1)政府及相关部门按照职责做好防大风工作;

(2)停止露天活动和高空等户外危险作业,危险地带人员和危房居民尽量转到避风场所避风;

（3）相关水域水上作业和过往船舶采取积极的应对措施，加固港口设施，防止船舶走锚、搁浅和碰撞；

（4）切断户外危险电源，妥善安置易受大风影响的室外物品，遮盖建筑物资；

（5）机场、高速公路等单位应当采取保障交通安全的措施，有关部门和单位注意森林、草原等防火。

3.2.3.3　**大风橙色预警**

标准：

6 小时内可能受大风影响，平均风力可达 10 级以上，或者阵风 11 级以上；或者已经受大风影响，平均风力为 10 ~ 11 级，或者阵风 11 ~ 12 级并可能持续。

大风橙色预警信号

防御指南：

（1）政府及相关部门按照职责做好防大风应急工作；

（2）房屋抗风能力较弱的中小学校和单位应当停课、停业，人员减少外出；

（3）相关水域水上作业和过往船舶应当回港避风，加固港口设施，防止船舶走锚、搁浅和碰撞；

（4）切断危险电源，妥善安置易受大风影响的室外物品，遮盖建筑物资；

（5）机场、铁路、高速公路、水上交通等单位应当采取保障交通安全的措施，有关部门和单位注意森林、草原等防火。

3.2.3.4 大风红色预警

标准：

6小时内可能受大风影响，平均风力可达12级以上，或者阵风13级以上；或者已经受大风影响，平均风力为12级以上，或者阵风13级以上并可能持续。

大风红色预警信号

防御指南：

（1）政府及相关部门按照职责做好防大风应急和抢险工作；

（2）人员应当尽可能停留在防风安全的地方，不要随意外出；

（3）回港避风的船舶要视情况采取积极措施，妥善安排人员留守或者转移到安全地带；

（4）切断危险电源，妥善安置易受大风影响的室外物品，遮盖建筑物资；

（5）机场、铁路、高速公路、水上交通等单位应当采取保障交通安全的措施，有关部门和单位注意森林、草原等防火。

3.2.4 灾害防御

3.2.4.1 加强龙卷风的监测预报和服务

龙卷风生消迅速，持续时间很短，对其进行监测和预报都有很大难度。目前，监测龙卷风最理想的设备是多普勒气象雷达，但这种雷达在我国还不普遍，投入业务运行的不多，相信在不久的将来我国可建立多普勒雷达监测网。

但对于只有几分钟、十几分钟生命史的龙卷风，即使有了多普勒气象雷达，还是有可能监测不到，成为漏网之鱼。因此，在充分利用雷达设备监测的同时，还应当建立群众性的观测网点，发现龙卷风应立即与当地气象台站联系，以便气象台站及时利用气象雷达追踪监测和向龙卷风下游方向发出警报。国外经验表明，雷达探测和群众性目测相结合是提高龙卷风预报准确性、减轻龙卷风灾害的一条有效途径。

3.2.4.2 加强龙卷风的研究

目前，由于监测龙卷风比较困难，对龙卷风的认识还不深。因此，气象台站还未正式发布龙卷风预报。所以，加强龙卷风研究并开展龙卷风数值模拟或模拟实验研究，摸清龙卷风发生发展和消亡成因，对做好龙卷风预报有十分重要的现实意义。

3.2.4.3 合理布设高速公路和高层建筑

高速公路和高层建筑布局不合理均会诱发龙卷风或增加龙卷风的发生频率。对高速公路来说，一是高速公路上行驶的车辆速度快且靠右通行，来去车辆会车时势必会产生小股逆时针旋转的空气涡流；二是高速公路尤其是立体交叉路口温度高，两侧田野温度低，容易形成小型热对流，两者结合，易产生龙卷风。因此，建筑高速公路应进行气象条件评估，充分考虑气象因素，不宜建在龙卷风高发区。同样，高层建筑的布局不合理也会诱发龙卷风，这与我们平时在墙角看到的有灰尘、纸屑被卷起的道理是一样的。

3.2.5 预防与救护

3.2.5.1 大风灾害的防护

1）个人防护

（1）在大风来临前：①要弄清楚自己所处的区域是否是大风要

袭击的危险区域；②要了解安全撤离的路径，以及政府提供的避风场所（各级政府要做好预案）；③要准备充足且不易腐坏的食品和水。

（2）大风到来时（当气象部门发布白色、绿色台风信号时）：①要经常收听电台、电视，以了解最新的热带气旋动态。②保养好家用交通工具，加足燃料，以备紧急转移。③检查并牢固活动房屋的固定物以及其他危险部位；检查并且准备关好门窗，迎风面之门窗应加装防风板，以防玻璃破碎；常检查电力设施、设备和用电器，注意炉火、煤气、液化气，以防火灾。④检查电池、直流电收音机，以及储备罐装食品、饮用水和药品；准备一定的现金。⑤清扫屋外排水沟及屋顶排水孔，以防阻塞积水。⑥居住河边或低洼地带，应预防河水泛滥，及早撤到较高地区；如果居住在移动房、海岸线上、小山上、山坡上容易被洪水或泥石流冲的房屋里，要时刻准备撤离该地。⑦屋外各种悬挂物体应立即取下或钉牢，并修剪树枝，以防暴风吹毁伤人。⑧风势突然停止时可能正处于大风眼时刻，不可贸然外出。确需行走时，应避开危险建筑、高层建筑与高层建筑之间道路等。徒步者可选择雨衣作雨具，特别是学生应少使用雨伞；骑车者应下车步行，以免失去控制；开车者应减速慢行，注意加强观察，并避免将车辆停放在低地、桥梁、路肩及树下，以防淹水、塌方或压损。⑨遇有紧急情况，可拨打“110”、“119”、“120”等特服电话。

（3）当发布黄、红、黑色信号时：①听从当地政府部门的安排。②如需离开住所，要尽快离开，并且尽量和朋友、家人在一起，到地势比较高的坚固房子，或到事先指定的洪水区域以外的地区。③无论如何都要离开移动房屋、危房、简易棚、铁皮屋，不能靠在围墙旁避风，以免围墙被大风刮倒引致人员伤亡。④把自己的撤离计划通知邻居和在警报区以外的家人或亲戚。⑤千万不能为了赶时间而冒险趟过水流湍急的河沟。

切记！如果被通知撤离，就应立即执行。

如果没有被通知离开房屋，那么就留在结构坚固的建筑内，要计划好强风来临时，自己将怎样行动。

如果家里有冰箱，将冰箱开到最冷挡，以防停电引起食物过早变质；拔掉小的电源插头；浴缸和大的容器中充满水，以备清洁卫生需要。

当外边的风变得越来越强时，要远离门窗，关闭所有的内房间门，加固外门。如果在楼中居住，要待在一楼的内间。如果住的是多层楼房，要待在一楼或二楼的大堂内并且远离门窗，必要时躺在桌子下面或者是坚固的物体下面。

特别需要警惕：

➢ 旋转风。往往在台风中心附近，由于风力大且风向变化突然，其破坏力特强。

➢ “平静”的“台风眼”。陆地上往往在受强烈的偏北风和暴雨袭击之后，会出现一片风平浪静、云开雨停甚至蓝天星月“迷”人景象。这实际上是受“台风眼”影响，千万不要被这种暂时的现象所迷惑而放松防护。当“台风眼”过去之后，风向可能突转 180°，变成偏南方向，并且会很快达到甚至超过原先的强度。

(4)当大风信号解除后：①要坚持收听电台广播、收看电视，当撤离的地区被宣布安全时才可以返回该地区。为了保护生命的安全，道路有可能被封锁，如果遇到路障或者是被洪水淹没的道路，要绕道而行。要避免走不坚固的桥，不要开车进入洪水暴发区域，要留在地面坚固的地方。那些静止的水域很有可能因为地下电缆或者是垂下来的电线而具有导电性。②要仔细检查煤气、水以及电线线路的安全性，断落电线不可触摸，应通知电力部门检修。检查房屋架构是否损坏。在不能确定自来水是否被污染之前，不要喝自来水或者用它做饭。避免在房间内使用蜡烛或者有火焰的燃具，而要使用手电筒。在生命遇到危险时，要用电话求救。要及时打扫环境，排除积水，实施消毒，防止病害。

2）集体防护

（1）加强气象预测监控工作，及时发出大风警报，并提供相关防护常识，提醒人们加强防护。

（2）树木可以有效地减缓风速，因此平时应有计划地在各风口和大风常登陆地区种植防护林。

（3）对城市高层建筑要严格审批和检测，严防人为风洞效应。

（4）加强对危险建筑、危险品仓库、能源设施等重点对象的监控，加强对交通运输的调度。

（5）加强对轮渡、航空运输的管制，严防各种事故。

（6）加强值班制度，随时做好水面和地上救援准备。

3.2.5.2 龙卷风应急与救护

为避免或减少龙卷风对人体的伤害，应增强龙卷风灾害意识，熟悉和掌握躲避龙卷风的正确方法，以便在龙卷风袭来时，采取恰当的应急措施。

第一，不能惊慌失措，要沉着镇定，选择好躲避方法，果断采取措施。

第二，在房屋内时，务必远离门、窗和外围墙壁，小房间和密室比大房间安全，最安全的地方是地下室或半地下室。因此，在楼上特别是农村的楼房内，应立即转移到底楼的桌子底下、内室过道躲藏；如有地下室应到地下室躲藏；在活动房屋或其他简易的临时住处，应迅速离开，奔向附近固体掩蔽体或抱头趴在低洼地带。

第三，在野外遇到龙卷风时，迅速就近寻找低地、洼地、沟渠等地方趴下，越贴近地面越安全，但要远离大树、电杆，以免树倒被砸或电杆倒伏被压和触电。

第四，在汽车上遇到龙卷风时，应当机立断，弃车奔向公路旁的低地躲避，不要开车躲避，也不要在汽车中躲避，因为汽车对龙卷风几乎没有防御能力。

第五，在电杆倒、房屋塌的紧急情况下，应及时切断电源，以防电击人体或引起火灾。

3.3 雪 灾

3.3.1 雪灾分类

3.3.1.1 按其发生的气候规律

(1)猝发型雪灾:猝发型雪灾发生在暴风雪天气过程中或以后,在几天内保持较厚的积雪对牲畜构成威胁。本类型多见于深秋和气候多变的春季,如青海省 2009 年 3 月下旬至 4 月上旬和 1985 年 10 月中旬出现的罕见大雪灾,便是近年来这类雪灾最明显的例子。

(2)持续型雪灾:持续型雪灾达到危害牲畜的积雪厚度随降雪天气逐渐加厚,密度逐渐增加,稳定积雪时间长。此型可从秋末一直持续到第二年的春季,如青海省 1974 年 10 月至 1975 年 3 月的特大雪灾,持续积雪长达 5 个月之久,极端最低气温降至零下三四十摄氏度。

3.3.1.2 按积雪深度

由于各地草场差异、牧草生长高度不等,因此形成雪灾的积雪深度是不一样的。

(1)轻雪灾:冬春降雪量相当于常年同期降雪量的 120% 以上。

(2)中雪灾:冬春降雪量相当于常年同期降雪量的 140% 以上。

(3)重雪灾:冬春降雪量相当于常年同期降雪量的 160% 以上。

3.3.1.3 按雪灾的形成条件、分布范围和表现形式

(1)雪崩:当山坡积雪内部的内聚力抗拒不了它所受到的重力拉引时,便向下滑动,引起大量雪体崩塌,人们把这种自然现象称做雪崩。

(2)风吹雪灾害:由气流挟带起分散的雪粒在近地面运行的多相流为风雪流,简称吹雪。它是一种较为复杂的特殊流体,有较大的危害性。

(3)牧区雪灾:在草原牧区,因降雪量过大,积雪过深或持续时

间过长，造成无法放牧或牲畜吃草困难，甚至造成大量牲畜死亡、失踪，牧民生活严重困难甚至发生死伤、疾病的现象。

3.3.2　暴雪预警信号

暴雪预警信号分四级，分别以蓝色、黄色、橙色、红色表示。

3.3.2.1　暴雪蓝色预警

标准：

12 小时内降雪量将达 4 mm 以上，或者已达 4 mm 以上且降雪持续，可能对交通或者农牧业有影响。

暴雪蓝色预警信号

防御指南：

(1)政府及有关部门按照职责做好防雪灾和防冻害准备工作；

(2)交通、铁路、电力、通信等部门应当进行道路、铁路、线路巡查维护，做好道路清扫和积雪融化工作；

(3)行人注意防寒防滑，驾驶人员小心驾驶，车辆应当采取防滑措施；

(4)农牧区和种养殖业要储备饲料，做好防雪灾和防冻害准备；

(5)加固棚架等易被雪压的临时搭建物。

3.3.2.2　暴雪黄色预警

标准：

12 小时内降雪量将达 6 mm 以上，或者已达 6 mm 以上且降雪

暴雪黄色预警信号

持续，可能对交通或者农牧业有影响。

防御指南：

（1）政府及相关部门按照职责落实防雪灾和防冻害措施；

（2）交通、铁路、电力、通信等部门应当加强道路、铁路、线路巡查维护，做好道路清扫和积雪融化工作；

（3）行人注意防寒防滑，驾驶人员小心驾驶，车辆应当采取防滑措施；

（4）农牧区和种养殖业要备足饲料，做好防雪灾和防冻害准备；

（5）加固棚架等易被雪压的临时搭建物。

3.3.2.3　暴雪橙色预警

标准：

6 小时内降雪量将达 10 mm 以上，或者已达 10 mm 以上且降雪持续，可能或者已经对交通或者农牧业有较大影响。

防御指南：

（1）政府及相关部门按照职责做好防雪灾和防冻害的应急工作；

（2）交通、铁路、电力、通信等部门应当加强道路、铁路、线路巡查维护，做好道路清扫和积雪融化工作；

（3）减少不必要的户外活动；

（4）加固棚架等易被雪压的临时搭建物，将户外牲畜赶入棚圈

暴雪橙色预警信号

喂养。

3.3.2.4　**暴雪红色预警**

标准：

6 小时内降雪量将达 15 mm 以上，或者已达 15 mm 以上且降雪持续，可能或者已经对交通或者农牧业有较大影响。

暴雪红色预警信号

防御指南：

（1）政府及相关部门按照职责做好防雪灾和防冻害的应急和抢险工作；

（2）必要时停课、停业（除特殊行业外）；

（3）必要时飞机暂停起降，火车暂停运行，高速公路暂时封闭；

（4）做好牧区等救灾救济工作。

3.3.3 防治与救护

3.3.3.1 雪灾防护常识

(1)大雪来临以前:①注意收听天气预报;②做好防寒准备,包括室内取暖设备及衣物;③食品准备充足。

(2)下大雪时:①汽车减速慢行,路人当心滑倒,必要时封闭道路交通;②老、幼、病、弱人群不要外出,注意防寒保暖;③关好门窗,紧固室外搭建物;④船舶进港避风;⑤高空、水上等户外人员停止作业。

(3)大雪停后:①道路湿滑,车辆慢行;②有关部门做好融雪、道路积雪清扫工作。

(4)道路积冰:地面温度低于零 ℃或大雪过后路面常出现积雪或结冰现象,极易发生交通事故或行人摔伤。道路积冰时要注意:①汽车司机要特别注意路况,安全驾驶;②行人出门要当心路滑跌倒;③老、幼、病、弱人群不要外出;④必要时关闭道路交通。

3.3.3.2 雪灾严寒自救

长时间在低温严寒环境中,因长时间寒冷、疲劳、饥饿往往会引起体温过低。体温过低指人体内部产生的热量小于身体散发的热量,导致体温降到正常值以下。也有以下原因可导致体温过低,如:体乏脱力、穿衣过少、住所条件差、食物摄入不足,对于低温缺乏知识和准备。体温过低多表现为行为烦躁,一阵好动后接着嗜睡,反应迟钝,对于一些问题和指导不能清醒应对,突然出现难以控制的颤栗,行动不协调,走路跌跌撞撞容易摔倒,头痛、视觉模糊、腹痛、瘫倒、昏迷,以致失去知觉。这往往是一缓慢的过程,因而不易被发现。如果遇到出汗,衣服浸湿后又伴有大风、低温环境伴有大风、身体损伤不能运动、损伤引起身体产热能力降低、心情焦急不定、压力大、身体瘦弱等因素,还会加重病情。体温过低的预防措施主要是防止体热的大量散失,其次是提高肌体对寒冷的适应能力。遇到大雪严寒灾害时的自救措施主要有以下几条。

1）注意着装保暖

防寒服隔热值高、携带方便，既能防风，又能防水，是一种理想的防寒用具。夜晚气温会更低，衣服要扎紧袖口、裤口，扣上领口，放下帽耳，戴好手套。保持服装的通气性相当重要。衣服不可穿得过紧，这样不仅不会使人感到暖和，反而会感到寒冷、难受。穿一件厚衣服不如多穿几层薄衣服为好，这样有更多的空气层，保温效果更好。要保持服装的干燥。淋湿或汗湿的衣服要及时烘干，衣服上的冰雪要及时抖掉。

寒从脚下起，鞋的材料要选通气性好的，如帆布、皮革等，穿橡胶与塑料鞋，脚在出汗以后，易发生冻伤。硬而紧的鞋子妨碍脚部的血液循环，也易发生冻伤。当脚趾有麻木感时（冻伤预兆），可做踏步运动，以促进血液循环。

2）搭建遮护棚

保持身体干燥，防止过度劳累。如人数较多，最好使用“搭伴制”，彼此间仔细观察以尽早察觉症状。如人群中发现有体温过低者，就不能排除其他人也可能患病，所以要逐一检查。

发现体温过低要及时处理，防止身体热量进一步散发，尽量置身室内，避风；脱去潮湿的衣服（不能脱光），每次脱一件外套，换上干衣。不要让病人直接躺于地面，要采取保暖措施，如用身体或温热岩石暖和病人。病人清醒时，让其饮用热饮料，食用含糖食品。

3）经常活动按摩

要尽量减少皮肤暴露部位，对易于发生冻疮的部位，有必要经常活动或按摩。避免接触导热快的物品，如金属与赤手或雪与臀部的接触，可使热量加速丧失，引起局部冻伤。

体温过低加重时，身体就难以再次自我加热，因此须从体外加热。如进行体外快速加热会促使冰冷的血液流入体内，进一步加重病情。可将热体放在以下部位：腰背部，胃部，腋窝，后颈，腕部，裆部，这些部位血流接近体表，可以携带热量进入体内。

4)及时补充能量

人体在寒冷环境中要维持体温，就必然代谢增加，体力消耗增多，只有增加营养物质的摄取量才能满足人体需要。

适当用具有御寒功效的食物进行温补和调养，以温养全身组织、增强体质、促进新陈代谢、提高防寒能力、维持机体组织功能活动，抗拒外邪、减少疾病的发生。

增加高热量的蛋白质、脂肪类食物的摄入量。酒精和水不能产热，寒冷时绝对不要饮酒，饮酒虽然暂时可以造成身体发热的感觉，但实际上酒精使血管膨胀，增加了身体的散热，导致体力衰弱。在严寒天气时，应吃性温热御寒并补益的食物，如羊肉、狗肉、甲鱼、虾、鸽、鹌鹑、海参、枸杞、韭菜、胡桃、糯米等。蛋氨酸可通过转移作用，提供一系列适应耐寒所必需的甲基，因此应多摄取含蛋氨酸较多的食物，如芝麻、葵花籽、乳制品、酵母、叶类蔬菜等。增加对维生素 C 的摄入量，以提高人体对寒冷的适应能力，并对血管具有良好的保护作用。

5)注意事项

一旦出现急症应立即向旁人求救。如果发现家人或旁人发生意外突然昏厥，一定要首先呼救或拨打 120，同时采用心肺复苏知识进行急救。尽量不要搬动病人，如果有出血情况，用干净纱布压住伤口止血。

在恶劣天气里，尽量减少不必要的外出；做好自己和家人的防寒防冻工作；及时与旅途中的亲人取得联系，给他们提供一些紧急自救的小常识。

3.3.3.3 农业生产防御措施

农业生产防御雪灾的主要措施如下：

(1)要及早采取有效防冻措施，抵御强低温对越冬作物的侵袭，特别是要防止持续低温对旺苗、弱苗的危害。

(2)加强对大棚蔬菜和在地越冬蔬菜的管理，防止连阴雨雪、低温天气的危害，雪后应及时清除大棚上的积雪，既减轻塑料薄膜压力，又有利于增温透光；同时加强各类冬季蔬菜、瓜果的储存管理。

(3)要趁雨雪间隙及时做好“三沟”的清理工作，降湿排涝，以防连阴雨雪天气造成田间长期积水，影响麦菜根系生长发育。同时要加强田间管理，中耕松土，铲除杂草，提高其抗寒能力。做好病虫害的防治工作。

(4)及时给麦菜盖土，提高御寒能力，若能用猪牛粪等有机肥覆盖，保苗越冬效果更好。

(5)要做好大棚的防风加固，并注意棚内的保温、增温，减少蔬菜病害的发生，保障春节蔬菜的正常生长。

(6)做好家禽防寒工作。寒冷天气要关好畜禽舍的门窗，防止舍内温度大幅度变化。有条件的地方可采用供暖设施如用红外线灯、电热板等，确保畜禽有适宜的活动环境。在外放养的畜禽如羊、牛、土鸡等要及时赶回，避免在外受冻死亡。在畜禽舍内铺上垫草，防止畜禽受冻受凉。养殖场户尽量备足饲料和饲草，防止雨雪天气可能产生的饲料饲草供应和运输困难，并有针对性地加喂高能量精饲料，提高畜禽抗寒能力。

3.3.3.4　个人健康防护

大雪低温环境可以大大削弱人体防御功能和抵抗力，从而诱发各种疾病，甚至发生生命危险。有几种看似是常见的很小健康问题，防范不好也会引起大毛病，出现这些问题应积极应对。

(1)鼻子出血。轻微的出血可采取让患者半坐卧或侧卧位，头部稍向前低的姿势，改用嘴巴呼吸来保持气道通畅，并以手指压迫鼻翼止血，10 分钟左右后流血量多自然减少或停止。多量或快速的出血，尤其是合并高血压或其他病症，往往需要紧急求助医生帮助。

(2)呼吸疾病。不要因为怕冷就一下子穿上很厚的衣服，也不要整天缩在空调房里享受空调制造的温暖。最好的方法就是让自己动起来，因为运动不仅能促进身体的血液循环，增强心肺功能，对我们的呼吸系统也是一个很有益的锻炼。进入流感高发的季节，注射流感疫苗也是对健康必要的保护。

(3)皮肤干燥。在严寒天气下,爱清洁的你更要讲究洗澡的章法和频率,洗澡次数不要太频,一天一次就够了,而且最好不要用香皂洗澡(因为香皂一般呈碱性,容易让皮肤表层的 pH 值失衡),水温也不要太高,尽量用含有滋润成分的浴液,洗过澡后应涂抹含有保湿成分的润肤膏,例如凡士林。

(4)手脚冰凉。平时不要吸烟;避免摄入过多含咖啡因的食物,如咖啡、浓茶、可乐等;多吃性温热的活血食物,多穿保暖的衣服,多做伸缩手指、手臂绕圈、扭动脚趾等暖身运动。避免长时间固定不动的姿势和精神集中,尤其是持续使用电脑达 7 小时以上。多参加体育运动更是一种最自然且立竿见影的好办法。

(5)关节疼痛。平时除注意肢体保暖外,更可利用护膝、护肘等用品有规律地进行运动,可以强化腿部的肌肉,促进血液循环。在温水泳池中做水中游泳是比较不错的选择。也可依据天气预报,在天气变化前采取保暖、祛湿措施。

(6)情感失调。除参加心理辅导和一定的抗忧郁剂药物治疗外,光疗可以作为有效辅助疗法。在萧瑟的冬季里,让自己多晒太阳非常必要。阳光不仅能晒干抑郁,还能借助阳光合成体内的维生素 D,对补钙也一样好处多多。

3.4 沙尘暴

3.4.1 沙尘暴的分类与等级

3.4.1.1 沙尘天气的分类

沙尘天气分为浮尘、扬沙、沙尘暴和强沙尘暴 4 类。

(1)浮尘:尘土、细沙均匀地浮游在空中,使水平能见度小于 10 km 的天气现象。

(2)扬尘:风将地面尘沙吹起,使空气相当浑浊,水平能见度在1 km至10 km以内的天气现象。

(3)沙尘暴:强风将地面大量尘沙吹起,使空气很浑浊,水平能见度小于1 km 的天气现象。

(4)强沙尘暴:大风将地面尘沙吹起,使空气模糊不清,浑浊不堪,水平能见度小于500 m 的天气现象。

3.4.1.2 沙尘天气过程的分类

沙尘天气过程分为4 类,即浮尘天气过程、扬沙天气过程、沙尘暴天气过程和强沙尘暴天气过程。

(1)浮尘天气过程:在同一次天气过程中,中国天气预报区域内5 个或5 个以上国家基本(准)站在同一观测时次出现了浮尘天气。

(2)扬沙天气过程:在同一次天气过程中,中国天气预报区域内5 个或5 个以上国家基本(准)站在同一观测时次出现了扬沙天气。

(3)沙尘暴天气过程:在同一次天气过程中,中国天气预报区域内3 个或3 个以上国家基本(准)站在同一观测时次出现了沙尘暴天气。

(4)强沙尘暴天气过程:在同一次天气过程中,中国天气预报区域内3 个或3 个以上国家基本(准)站在同一观测时次出现了强沙尘暴天气。

3.4.1.3 沙尘暴强度的划分

沙尘暴的强度可划分为以下4 个等级:

(1)弱沙尘暴:4 级≤风速≤6 级,500 m≤能见度≤1 000 m。

(2)中等强度沙尘暴:6 级≤风速≤8 级,200 m≤能见度≤500 m。

(3)强沙尘暴:风速≥9 级,50 m≤能见度≤200 m。

(4)特强沙尘暴:瞬时最大风速≥25 m/s,能见度≤50 m,甚至降低到0 m。

3.4.2 预警信号

沙尘暴预警信号分三级，分别以黄色、橙色、红色表示。

3.4.2.1 沙尘暴黄色预警

标准：

24 小时内可能出现沙尘暴天气（能见度小于 1 000 m）或者已经出现沙尘暴天气并可能持续。

沙尘暴黄色预警信号

防御指南：

(1)做好防风防沙准备，及时关闭门窗；

(2)注意携带口罩、纱巾等防尘用品，以免沙尘对眼睛和呼吸道造成损伤，做好精密仪器的密封工作；

(3)把围板、棚架、临时搭建物等易被风吹动的搭建物固紧，妥善安置易受沙尘暴影响的室外物品。

3.4.2.2 强沙尘暴橙色预警

标准：

12 小时内可能出现强沙尘暴天气（能见度小于 500 m），或者已经出现强沙尘暴天气并可能持续。

防御指南：

(1)用纱巾蒙住头防御风沙的行人要保证有良好的视线，注意交通安全；

强沙尘暴橙色预警信号

(2)注意尽量少骑自行车，刮风时不要在广告牌、临时搭建物和老树下逗留；驾驶人员注意沙尘暴变化，小心驾驶；

(3)机场、高速公路、轮渡码头注意交通安全；

(4)各类机动交通工具采取有效措施保障安全；

(5)其他同沙尘暴黄色预警信号。

3.4.2.3　**特强沙尘暴红色预警**

标准：

6 小时内可能出现特强沙尘暴天气(能见度小于 50 m)，或者已经出现特强沙尘暴天气并可能持续。

特强沙尘暴红色预警信号

防御指南：

(1)人员应当待在防风安全的地方，不要在户外活动；推迟上学

或放学,直至特强沙尘暴结束;

(2)相关应急处置部门和抢险单位随时准备启动抢险应急方案;

(3)受特强沙尘暴影响地区的机场暂停飞机起降,高速公路和轮渡暂时封闭或者停航;

(4)其他同沙尘暴橙色预警信号。

3.4.3 危害

沙尘暴,尤其是特强沙尘暴是一种危害极大的灾害性天气。当其形成之后,会以排山倒海之势滚滚向前移动,携带沙砾的强劲气流所经之处,通过沙埋、狂风袭击、降温霜冻和污染大气等方式,使大片农田受到沙埋或被活沃土刮走,或者农作物受霜冻之害;致使有的农作物绝收,有的大幅度减产;它能加剧土地沙漠化,对大气环境造成严重污染,对生态环境造成巨大破坏,对交通和供电线路等基础设施产生重要影响,给人民生命财产造成严重损失。中国受到沙尘暴的危害严重,特别是西北地区的工矿、交通、新兴城镇及其他水利、电力、煤田和油气井等设施,均受风沙危害或威胁,一旦出现沙风暴或黑风暴,受害尤为严重。沙尘暴的危害主要有以下几方面:

(1)恶化生态环境。出现沙尘暴天气时狂风裹着沙石、浮尘到处弥漫,凡是经过地区空气浑浊,呛鼻迷眼,呼吸道等疾病人数增加,破坏区域生态环境。如1993年5月5日发生在金昌市的强沙尘暴天气,监测到的室外空气含尘量为1 016 mm/cm^3,室内为80 mm/cm^3,超过国家规定的生活区内空气含尘量标准的40倍。

(2)影响生产生活。沙尘暴天气携带的大量沙尘蔽日遮光,天气阴沉,造成太阳辐射减少,几小时到十几小时很低的能见度,容易使人心情沉闷、工作学习效率降低。轻者可使大量牲畜患染呼吸道及肠胃疾病,严重时将导致大量"春乏"牲畜死亡,刮走农田沃土、种子和幼苗。沙尘暴还会使地表层土壤风蚀、沙漠化加剧,覆盖在植物叶面上厚厚的沙尘,影响正常的光合作用,造成作物减产。沙尘暴还使气温急剧下降，天空如同撑起了一把遮阳伞，地面处于阴影之下变得昏暗、阴冷。

(3)造成生命财产损失。1993 年 5 月 5 日，发生在甘肃省金昌市、武威市、武威市民勤县、白银市等地市的强沙尘暴天气，受灾农田 253.55 万亩，损失树木 4.28 万株，造成直接经济损失达 2.36 亿元，死亡 50 人，重伤 153 人。2000 年 4 月 12 日，永昌、金昌、武威、民勤等地市强沙尘暴天气，据不完全统计，仅金昌、武威两地市直接经济损失达 1 534 万元。

(4)影响交通安全。沙尘暴天气经常影响交通安全，造成飞机不能正常起飞或降落，使汽车、火车车厢玻璃破损、停运或脱轨。

(5)危害人体健康。当人暴露于沙尘天气中时，含有各种有毒化学物质、病菌等的尘土可透过层层防护进入到口、鼻、眼、耳中。这些含有大量有害物质的尘土若得不到及时清理将对这些器官造成损害，病菌就可以这些器官为侵入点，引发各种疾病。

3.4.4 灾害防治

3.4.4.1 预防措施

沙尘暴是由天气过程和地面过程共同作用的产物。目前，人类控制天气的能力还很有限，减缓沙尘暴灾害频度与强度的关键在于搞好地面的生态保护与建设。要坚持“预防为主、保护优先、防治并重”的生态保护与建设方针，建立和完善生态保护的法规和政策体系，停止导致生态环境继续恶化的一切生产活动，对于超出生态承载能力的地区要采取一定的生态移民措施。主要预防措施如下：

(1)在防沙治沙工作方面，要坚持因地制宜、因害设防、保护优先、综合治理的原则，坚持宜乔则乔、宜灌则灌、宜草则草，采取以林草植被建设为主的综合措施，加强地表覆盖，减少尘源。植树种草，迅速恢复沙区林草植被。通过采取封山(沙)育林(草)、飞播造林、人工造林(种草)、小流域综合治理等措施，扩大林草植被面积。采取退耕还林(草)措施，遏制新的沙化形成。

(2)强化封禁保护,实行“三禁”制度。切实吸取长期存在的边治理、边破坏的教训,杜绝滥垦、滥牧、滥采等破坏行为,遏制沙地活化,保护沙区植被。

(3)采取合理的水资源管理措施,科学调配流域水资源,保护和恢复内陆河下游生态环境。利用经济杠杆提高水资源的利用率,通过节水灌溉和水源工程配套措施,促进生活、生产、生态用水的合理分配和协调利用,提高水资源的利用率。

(4)采取改进牧业方式、改善牧业结构、改良草场等措施,恢复和提高草原的生产能力和生态功能,实行禁牧舍饲,变放养为圈养,减轻植被破坏的压力。

(5)保护、完善、巩固、提高绿洲防护林体系。在防沙阻沙林外缘划定300~500 m宽的封沙育草带,严禁放牧樵采。每年适当引洪灌溉丘间低地以促进自然植被的恢复。另外,绿洲防护林多为过熟林,应经严格审批和在有效监督下,有计划、有步骤地进行更新。

(6)改革耕作制度,提高冬春季农田覆被率,革新农机具,发展阳光大棚、温室等高科技农业。

(7)强化沙尘暴的科学研究,加强沙尘暴源区监测网的建设,掌握沙尘暴发生发展的机制和规律,做到对沙尘暴的预警预报,减轻沙尘暴灾害的损失。中国政府提出的天保、退耕还林还草、防沙治沙工程就是减缓沙尘暴的重大决策。

(8)充分利用风能、太阳能,解决农村、牧区薪柴燃料,充分发挥农牧民的积极性,结合中央政策扶持,发展经济,提高沙区群众生活水平。大力提倡舍饲和棚圈牧业,围封草场和加快飞播治沙,限制牲畜数量,使草原得到休养生息,并辅以抚育措施,恢复草原生态环境。

3.4.4.2 治理措施

1)生物措施

(1)封沙育林育草,恢复天然植被。实行一定的保护措施(设置围栏),建立必要的保护组织(护林站),严禁人畜破坏,给植物以繁衍生息的时间,逐步恢复天然植被。封育的同时可以加以人工补植补种和管理,加速生态修复。

(2)飞机播种造林种草固沙。飞播具有速度快、用工少、成本低、效果好的特点,尤其对地广人稀、交通不便、偏远荒沙、荒山地区恢复植被意义更大。飞播要解决的关键技术问题有:预测气候,选择立地条件,确定适宜的播区,确定适宜的播量,种子处理技术,防治鸟兽病虫害,封禁保护等。

(3)通过植物播种、扦插、植苗造林固定流沙。直播造林固沙:在草原流沙上播种,保证幼苗达到一定密度(15~20 株/平方米),一定高度(15~20 cm),一定面积(>1 000 m^2),就可以把风蚀变为沙埋的植物群体,使沙丘固定。直播成功的植物种主要是花棒、杨柴两种沙生先锋植物。

扦插造林固沙:陕西、宁夏流沙区用沙柳扦插直接固定沙丘。榆林群众用簇式栽植法,形成疏中有密的格局,既能抗风蚀又能解决水分不足的问题。

植苗造林固沙:在干旱草原流动沙地采用适当深植和合理密植的方法使沙地固定。如定边长茂滩林场秋天在沙丘上用沟植法密栽油蒿成活形成沙障。

(4)建立风沙区防护林体系。干旱区绿洲防护体系:一是绿洲外围的封育灌草固沙带,二是骨干防沙林带,三是绿洲内部农田林网及其他有关林种。现实情况要比典型介绍复杂得多,要根据实际情况灵活运用。

(5)沙区牧场防护林。

2)工程措施

沙障固沙:用枝条、柴草、秸秆、砾石、黏土、板条、塑料板及类似材料在沙面设置各种形式的障碍物,以控制风沙流方向、速度、结构,达到固沙、阻沙、拦沙、防风、改造地形等目的。沙障作用重大,是生物措施无法替代的。

风力治沙:是以输出为主的治沙措施,减小粗糙度,使风力加强,风沙流呈不饱和状态,造成拉沙和地表风蚀的效果。

3) 农业措施

一是发展水利，扩大灌溉面积，增施肥料，改良土壤；二是防风蚀旱农作业措施，带状耕作、伏耕压青、种高秆作物等。

3.4.5 避险与防护

3.4.5.1 生活避险常识

(1) 沙尘暴即将或已经发生时，居民应尽量减少外出。未成年人不宜外出，如果因特殊情况需要外出的，应由成年人陪同。

(2) 接到沙尘暴预警后，学校、幼儿园要推迟上学或者放学时间，直到沙尘暴结束。如果沙尘暴持续时间长，学生应由家长亲自接送或老师护送回家。

(3) 发生沙尘暴时，不宜在室外进行体育运动和休闲活动，应立即停止一切露天集体活动，并将人员疏散到安全的地方躲避。

(4) 沙尘暴天气发生时，行人骑车要谨慎，应减速慢行。若能见度差，视线不好，应靠路边推行。行人过马路要注意安全，不要贸然横穿马路。

(5) 发生沙尘暴时，行人特别是小孩要远离水渠、水沟、水库等，避免落水发生溺水事故。

(6) 沙尘暴如果伴有大风，行人要远离高层建筑、工地、广告牌、老树、枯树等，以免被高空坠落物砸伤。

(7) 发生沙尘暴时，行人要在牢固、没有下落物的背风处躲避。行人在途中突然遭遇强沙尘暴，应寻找安全地点就地躲避。

(8) 发生风沙天气时，不要将机动车辆停靠在高楼、大树下方，以免玻璃、树枝等坠落物损坏车辆，或防止车辆被倒伏的大树砸坏。

(9) 风沙天气结束后，要及时清理机动车表面沉积的尘沙，保护好车体漆面。同时，注意清除发动机舱盖内沉积的细小颗粒，防止发动机零件损伤。

3.4.5.2 健康防护常识

(1) 沙尘暴天气若需要外出，居民应携带好口罩或纱巾等防尘用品,以避免风沙对呼吸道和眼睛造成损伤。

(2)沙尘暴已经发生时,居民应及时关闭好门窗,以防止沙尘进入室内。室内应使用加湿器、洒水或用湿墩布拖地等方法清理灰尘,保持空气湿度适宜,以免尘土飞扬。

(3)人们从风沙天气的户外进入室内,应及时清洗面部,用清水漱口,清理鼻腔,有条件的应该洗浴,并及时更换衣服,保持身体洁净舒适。

(4)风沙天气发生时,呼吸道疾病患者、对风沙比较敏感人员不要到室外活动。近视患者不宜佩戴隐形眼镜,以免引起眼部炎症。

(5)沙尘天气一旦有沙尘吹入眼内,不要用脏手揉搓,应尽快用清水冲洗或滴眼药水,保持眼睛湿润易于尘沙流出。如仍有不适,应及时就医。

(6)沙尘天气空气比较干燥,应多喝水,多吃水果。沙尘天气结束后,如感到呼吸系统有不适,应及时到医院就诊。

(7)沙尘暴结束后,市政环卫部门要及时洒水清扫城市街道、院落沉积的大量沙尘,防止尘土飞扬,造成空气污染。

3.4.5.3 安全生产常识

(1)沙尘暴频发地区,牧民一般要建有保温保暖封闭式牲畜圈舍。沙尘暴到来前,关好门窗,拉下圈棚,防止沙尘大量飘入。

(2)接到沙尘暴预警后,牧区牧民应及时将牛、羊等牲畜赶回圈舍,以免走失。沙尘暴发生时,若牲畜远离居民点,牧民应尽快将牲畜赶到就近背风处躲避。

(3)接到大风沙尘天气警报后,农民应采取适当措施加固温室大棚、地膜等基础设施,避免破坏和损失。

(4)发生沙尘暴时,野外工作人员或正在田间劳动的农民,应立即回家或寻找安全的地方躲避。如果沙尘天气持续时间较长,应设法与救援人员取得联系,不要盲目行动。

(5)沙尘暴天气空气干燥,易引发火灾,应注意草原、森林和人口密集区等发生重大火灾事故。

(6)接到沙尘暴预警后,医院、食品加工厂、精密仪器生产或使用单位要加强防尘措施，食品、药品和重要精密仪器要做好密封。

(7)接到沙尘暴预警信息后，有关单位要妥善放置易受大风影响的物资，加固围板、棚架、广告牌等易被风吹动的搭建物。建筑工地要覆盖好裸露沙土和废弃物，以免尘土飞扬。

(8)强沙尘暴发生时，应停止一切露天生产活动和高空、水上等户外危险作业，工人应暂时集中在室内躲避。

(9)接到沙尘暴预警信息后，各级政府及相关部门要制定应对措施，防止风沙对农业、林业、水利、牧业以及交通、电力、通信等基础设施的影响和危害。

3.4.5.4 交通避险常识

(1)接到沙尘天气预警信息或已经出现沙尘暴天气时，机场、高速公路、铁路等部门要做好交通安全防护措施，科学调度，确保交通安全。

(2)在公路上驾驶机动车遭遇沙尘暴，应低速慢行。能见度太低时，要及时开启大灯、雾灯。必要时驶入紧急停车带或在安全的地方停靠，乘客要视情况选择安全的地方躲避。

(3)轻型机动车在公路上高速行驶中可能会被大风掀翻，所以要在轻型车上放一些重物，但必须固定，或者慢速行驶。

(4)发生沙尘暴时，如果风力过大或能见度低于规定标准，高速公路管理部门应暂时封闭高速公路，避免发生交通事故。

(5)火车行驶途中如果遇到沙尘暴，应减速慢行。当风力较大或能见度很低不宜继续行驶时，火车应进站停靠避风，等沙尘暴过后再继续行驶。

(6)沙尘天气条件下，空中交通管制部门根据机场天气状况合理控制飞行流量，保证进出机场航班的安全起降。

(7)飞机起飞后，如果目的地机场受沙尘天气影响，能见度低，不具备降落条件，飞机应及时调整航线，或就近备降其他机场。

(8)发生特强沙尘暴时，如果天气条件特别恶劣，飞机、火车、长途客车等应暂时停飞、停运。

第 4 章 地质灾害

自然的变异和人为的作用都可能导致地质环境或地质体发生变化,当这种变化达到一定程度,其产生的后果就会给人类社会造成危害,这种危害称为地质灾害,如:滑坡、泥石流、地裂缝、地面沉降、地面塌陷、岩爆、坑道洒水、瓦斯爆炸、煤层自燃、黄土湿陷、岩土膨胀、沙土液化、土地冻融、水土流失、土地沙漠化及沼泽化、土壤盐碱化、地震、火山、地热害等。

地质灾害给人类造成的损失及危害是很严重的。我国有 2/3 地区属于山地,地质灾害十分严重。据统计,在 20 世纪的后 50 年,每年我国因地质灾害而导致伤亡的人数在万人左右,造成经济损失总数达数百亿元。国际上,世界各国都或多或少地受到地质灾害的危害,因而 1999 年的世界地球日(4 月 22 日)的主题确定为"防治地质灾害"。

本章内容涉及一些常见的突发性地质灾害。着重介绍地震、滑坡、泥石流、水土流失的灾害及其防治。

4.1 地 震

4.1.1 相关专业术语

4.1.1.1 **震源**

震源是指地球内部发生地震的地方。

4.1.1.2 **震中**

震中是指震源在地面上的垂直投影,地面上离震源最近的一点,或者说地面上与震源正相对的地方。震中是接受震动最早的部位。

4.1.1.3 **震源深度**

震源深度是指震中到震源的深度。

地震按震源深度可分为浅源、中源、深源地震。

浅源地震:震源深度在 60 km 以内,约占地震总数的 70%。

中源地震:震源深度在 60 ~300 km,约占地震总数的 25%。

深源地震:震源深度超过 300 km,约占地震总数的 5%。

世界上绝大多数地层是浅源地震,震源深度集中在 5 ~20 km。中、深源地震较少,约占地震总数的 30%。破坏性地震一般是浅源地震。对于同样大小的地震,当震源较浅时,波及范围较小,破坏程度较大,如 1976 年的唐山地震的震源深度为 12 km;当震源深度较深时,波及范围则较大,而破坏程度相对较小。这是由于地震时释放的能量通过长距离的传播,其中的大部分能量将被岩层所吸收。深度超过 100 km 的地震在地面一般不会引起灾害。

4.1.1.4 **极震区**

极震区是指破坏性地震的地面震动最烈处,往往也就是震中所在的地区。

4.1.1.5 **震中距**

震中距是指观测点距震中的距离。

震中距小于 100 km 的地震称为地方震,在 100 ~1 000 km 的地震称为近震,大于 1 000 km 的地震称为远震,其中,震中距越长的地方受到的影响和破坏越小。

4.1.1.6 **余震**

当某地发生一个较大的地震时,在一段时间内,往往会发生一系列的地震,其中最大的一个地震叫主震,主震之前发生的地震叫前震,主震之后发生的地震叫余震。

4.1.1.7 **地震震级**

地震震级是衡量地震大小的一种度量。每一次地震只有一个震级。它是根据地震时释放能量的多少来划分的,震级可以通过地震仪器的记录计算出来,震级越高,释放的能量也越多。我国使用的震级标准是国际通用震级标准，叫“里氏震级”。各国和各地区的地震分级标准不尽相同。

➢ 一般将小于1级的地震称为超微震；

➢ 大于等于1级，小于3级的称为弱震或微震；

➢ 大于等于3级，小于4.5级的称为有感地震；

➢ 大于等于4.5级，小于6级的称为中强震；

➢ 大于等于6级，小于7级的称为强震；

➢ 大于等于7级的称为大地震；

➢ 8级以及8级以上的称为巨大地震。

小于里氏规模2.5的地震，人们一般不易感觉到，称为小震或者是微震；里氏规模2.5～5.0的地震，震中附近的人会有不同程度的感觉，称为有感地震，全世界每年大约发生十几万次；大于里氏规模5.0的地震，会造成建筑物不同程度的损坏，称为破坏性地震。里氏规模4.5以上的地震可以在全球范围内监测到。目前，人类有记录的震级最大的地震是1960年5月22日智利发生的9.5级地震，所释放的能量相当于一颗1 800万t炸药量的氢弹，或者相当于一个100万kW的发电厂40年的发电量。2008年汶川地震所释放的能量大约相当于90万t炸药量的氢弹，或100万kW的发电厂2年的发电量。

4.1.1.8 **地震烈度**

地震烈度是指地面及房屋等建筑物受地震破坏的程度。对同一个地震，不同的地区，烈度大小是不一样的。距离震源近，破坏就大，烈度就高；距离震源远，破坏就小，烈度就低。

我国现行地震烈度如下：

➢ 1度：无感——仅仪器能记录到；

➢ 2度：微有感——特别敏感的人在完全静止中有感；

➢ 3度：少有感——室内少数人在静止中有感，悬挂物轻微摆动；

➢4 度:多有感——室内大多数人、室外少数人有感,悬挂物摆动,不稳器皿作响;

➢5 度:惊醒——室外大多数人有感,家畜不宁,门窗作响,墙壁表面出现裂纹;

➢6 度:惊慌——人站立不稳,家畜外逃,器皿翻落,简陋棚舍损坏,陡坎滑坡;

➢7 度:房屋损坏——房屋轻微损坏,牌坊、烟囱损坏,地表出现裂缝及喷沙冒水;

➢8 度:建筑物破坏——房屋多有损坏,少数破坏路基塌方,地下管道破裂;

➢9 度:建筑物普遍破坏——房屋大多数破坏,少数倾倒,牌坊、烟囱等崩塌,铁轨弯曲;

➢10 度:建筑物普遍摧毁——房屋倾倒,道路毁坏,山石大量崩塌,水面大浪扑岸;

➢11 度:毁灭——房屋大量倒塌,路基堤岸大段崩毁,地表产生很大变化;

➢12 度:山川易景——一切建筑物普遍毁坏,地形剧烈变化,动植物遭毁灭。

一般情况下仅就烈度和震源、震级间的关系来说,震级越大震源越浅,烈度也越大。一般来讲,一次地震发生后,震中区的破坏最重,烈度最高,这个烈度称为震中烈度。从震中向四周扩展,地震烈度逐渐减小。所以,一次地震只有一个震级,但它所造成的破坏,在不同的地区是不同的。也就是说,一次地震,可以划分出好几个烈度不同的地区。这与一颗炸弹爆炸后,近处与远处破坏程度不同道理一样。炸弹的炸药量,好比是震级;炸弹对不同地点的破坏程度,好比是烈度。例如,1990 年 2 月 10 日,常熟 - 太仓发生了 5.1 级地震,有人说在苏州是 4 级,在无锡是 3 级,这是错的。无论在何处,只能说常熟 - 太仓发生了 5.1 级地震,但这次地震,在太仓的沙溪镇地震烈度是6度,在苏州地震烈度是4度,在无锡地震烈度是3度。再如,1976年唐山地震,震级为7.8级,震中烈度为11度;受唐山地震的影响,天津市地震烈度为8度,北京市地震烈度为6度,再远到石家庄、太原等地区就只有4度至5度了。

4.1.2 预防与救护

4.1.2.1 震前征兆

地震和刮风下雨一样,都是一种自然现象,在它来临之前是有前兆的,特别是强烈地震,在孕育过程中总会引起地下和地上各种物理及化学变化,给人们提供信息,只要人们认真观测并掌握地震前兆的规律,对于减轻地震造成的损失、减少人员伤亡具有重要价值。

1)地下水异常

由于地下岩层受到挤压或拉伸,使地下水位上升或下降;或者使地壳内部气体和某些物质随水溢出,而使地下水冒泡、发浑、变味等。民间流传的地下水异常谚语:

井水是个宝,前兆来得早;
天雨水质浑,天旱井水冒;
水位变化大,翻花冒气泡;
有的变颜色,有的变味道。

2)动物异常

在震前,会出现很多动物异常现象。震前一两天牛、马赶不进圈、乱蹦乱跳、嘶叫不止、烦躁不安、饮食减少;一些猪羊不吃食、烦躁不安、乱跑乱窜;狗狂叫不止;鸡不进窝、惊啼不止;鸭不下水;家兔乱蹦乱跳、惊恐不安;鸽子在震前数天惊飞、不回巢;蜜蜂一窝一窝地飞走;老鼠反应最灵敏,在震前一天至数天,老鼠突然跑光了,有的叼着小老鼠搬家;有些冬眠的蛇爬出洞外,上树;鱼惊慌乱跳游向岸边,翻白肚等。民间流传的动物异常谚语:

震前动物有预兆,老鼠搬家往外逃;
鸡飞上树猪拱圈,鸭不下水狗狂叫;

冬眠麻蛇早出洞，鱼儿惊慌水面跳。

3）地光和地声

地光和地声是地震前夕或地震时，从地下或地面发出的光亮及声音，是重要的临震预兆。地震有"前震—主震—余震"的规律，要注意掌握。

4.1.2.2 震前预防与安全准备

1）家庭安全对策

➢ 平时的准备工作，是将受害控制在最小程度的基本。

➢ 对大衣柜、餐具柜厨、电冰箱等做好固定、防止倾倒的措施。

➢ 在餐具柜厨、窗户等的玻璃上粘上透明薄膜或胶布，以防止玻璃破碎时四处飞溅。

➢ 为防止因地震的晃动造成柜厨门敞开，里面的物品掉出来，在柜厨、壁橱的门上安装合叶加以固定。

➢ 不要将电视机、花瓶等放置在较高的地方。

➢ 为防止散乱在地面上的玻璃碎片伤人，平时准备好较厚实的拖鞋。

➢ 注意家具的摆放，确保安全的空间。

➢ 充分注意煤油取暖炉等用火器具及危险品的管理和保管。

➢ 加固水泥预制板墙，使其坚固不易倒塌。

2）应急物品准备

➢ 饮用水。

➢ 食品、婴儿奶粉。

➢ 急救医药品。

➢ 便携式收音机、手电筒、干电池。

➢ 现金、贵重品。

➢ 内衣裤、毛巾、手纸等。

3）邻里互助、协作体制

➢ 发生大地震时，可以预计在广大区域造成巨大灾害。在这种情况下，消防车、救护车不可能随叫随到。有必要在平时通过街道等组织，与当地居民进行交流，建立起应付发生火灾、伤员时的互助协作体制。

➢ 从平时起，邻里之间应就一旦有事时互助协作体制进行商谈。

➢ 积极参加市民防灾组织。

➢ 积极参加防灾训练。

4.1.2.3 临震应急准备

在已发布破坏性地震临震预报的地区，应做好以下几个方面的应急工作。

1）备好临震急用物品

地震发生之后，食品、医药等日常生活用品的生产和供应都会受到影响，水塔、水管往往被震坏，造成供水中断。为能渡过震后初期的生活难关，临震前社会和家庭都应准备一定数量的食品、水和日用品，以解燃眉之急。

2）建立临震避难场所

住的问题也是一件大事，房舍被震坏，需要有安身之处；余震不断发生，要有一个躲藏处。这就需要临时搭建防震、防火、防寒、防雨的防震棚。各种帐篷都可以利用，农村储粮的小圆仓也是很好的抗震房。

3）划定疏散场所，转运危险物品

城市人口密集，人员避震和疏散比较困难，为确保震时人员安全，震前要按街、区分布，就近划定群众避震疏散路线和场所。震前要把易燃、易爆和有毒物资及时转运到城外存放。

4）设置伤员急救中心

在城内抗震能力强的场所，或在城外设置急救中心，备好床位、医疗器械、照明设备和药品等。

5）暂停公共活动

得到正式临震预报通知后，各种公共场所应暂停活动，观众或顾客要有秩序地撤离；中、小学校可临时在室外上课；车站、码头可露天候车。

6）组织人员撤离并转移重要财产

如果得到正式临震警报或通知，要迅速而有秩序地动员和组织群众撤离房屋。正在治疗的重病号要转移到安全的地方。对少数思想麻痹的人，也要动员到安全区。农村的大牲畜、拖拉机等生产资料，临震前要妥善转移到安全地带，机关、企事业单位的车辆要开出车库，停在空旷地方，以便在抗震救灾中发挥作用。

7）防止次生灾害的发生

城市发生地震可能出现严重的次生灾害，特别是化工厂、煤气厂等易发生地震次生灾害的单位，要加强监测和管理，设专人昼夜站岗和值班。

8）确保机要部门的安全

城市内各种机要部门和银行较多，地震时要加强安全保卫，防止国有资产损失和机密泄漏。消防队的车辆必须出库，消防人员要整装待发，以便及时扑灭火灾，减少经济损失。

9）组织抢险队伍，合理安排生产

临震前，各级政府要就地组织好抢险救灾队伍（救人、医疗、灭火、供水、供电、通信等）。必要时，某些工厂应在防震指挥部的统一指令下暂停生产或低负荷运行。

10）做好家庭防震准备

在已发布地震预报地区的居民须做好家庭防震准备，制定一个家庭防震计划，检查并及时消除家里不利防震的隐患。

4.1.2.4　地震时注意事项

1）摇晃时立即关火，失火时立即灭火

大地震时，不能依赖消防车来灭火。因此，我们每个人关火、灭火的这种努力，是能否将地震灾害控制在最小程度的重要因素。从平时就养成即便是小的地震也关火的习惯。为了不使火灾酿成大祸，家里人自不用说，左邻右舍之间互相帮助，实现早期灭火是极为重要的。

地震的时候,关火的机会有三次:

➢ 第一次机会在大的晃动来临之前小的晃动时。在感知小的晃动的瞬间,即刻互相招呼:"地震! 快关火!"关闭正在使用的取暖炉、煤气炉等。

➢ 第二次机会在大的晃动停息的时候。在发生大的晃动时去关火,放在煤气炉、取暖炉上面的水壶等滑落下来,那是很危险的。大的晃动停息后,再一次呼喊:"关火! 关火!"并去关火。

➢ 第三次机会在着火之后。即便发生失火的情形,在1~2分钟之内,还是可以扑灭的。为了能够迅速灭火,请将灭火器、消防水桶放在离用火场所较近的地方。

2)不要慌张地向户外跑

地震发生后,慌慌张张地向外跑,碎玻璃、屋顶上的砖瓦、广告牌等掉下来砸在身上是很危险的。此外,水泥预制板墙、自动售货机等也有倒塌的危险,不要靠近这些物体。

3)将门打开,确保出口

钢筋水泥结构的房屋等,由于地震的晃动会造成门窗错位,打不开门,曾经发生有人被封闭在屋子里的事例。平时要事先想好万一被关在屋子里如何逃脱的方法,准备好梯子、绳索等。

4)户外的场合,要保护好头部,避开危险之处

当大地剧烈摇晃、站立不稳的时候,人们都会有扶靠、抓住什么的心理。身边的门柱、墙壁大多会成为扶靠的对象。但是,这些看上去挺结实牢固的东西,实际上却是危险的。在1987年日本宫城县海底地震时,由于水泥预制板墙、门柱的倒塌,曾经造成过多人死伤。切记震时不要靠近水泥预制板墙、门柱等躲避。

在繁华街、楼区,最危险的是玻璃窗、广告牌等物掉落下来砸伤人。要注意用手或手提包等物保护好头部。

5)在百货公司、剧场时依工作人员的指示行动

在百货公司、地下街等人员较多的地方,最可怕的是发生混乱。

请依照商店职员、警卫人员的指示来行动。就地震而言，地下街是比较安全的。即便发生停电，紧急照明电也会即刻亮起来，请镇静地采取行动。

如发生火灾，即刻会充满烟雾。以压低身体的姿势避难，并做到绝对不吸烟。

在发生地震、火灾时，不能使用电梯。万一在搭乘电梯时遇到地震，将操作盘上各楼层的按钮全部按下，一旦停下，迅速离开电梯，确认安全后避难。高层大厦以及建筑物的电梯，一般都装有管制运行的装置，地震发生时会自动地动作，停在最近的楼层。万一被关在电梯中的话，请通过电梯中的专用电话与管理室联系、求助。

6）汽车靠路边停车，管制区域禁止行驶

发生大地震时，汽车会像轮胎泄了气似的，无法把握方向盘，难以驾驶，必须注意避开十字路口将车子靠路边停下。为了不妨碍避难疏散的人和紧急车辆的通行，要让出道路的中间部分。都市中心地区的绝大部分道路将会全面禁止通行，充分注意汽车收音机的广播，附近有警察的话，要依照其指示行事。有必要避难时，为不致卷入火灾，请把车窗关好，车钥匙插在车上，不要锁车门，并和当地的人一起行动。

7）注意山崩、断崖落石或海啸

在山边、陡峭的倾斜地段，有发生山崩、断崖落石的危险，应迅速到安全的场所避难。在海岸边有遭遇海啸的危险。感知地震或发出海啸警报的话，请注意收音机、电视机等的信息，迅速到安全的场所避难。

8）避难时要徒步，携带物品应在最少限度

因地震造成的火灾蔓延燃烧，出现危及生命、人身安全等情形时，应采取避难措施。避难的方法，原则上以市民防灾组织、街道等为单位，在负责人及警察等带领下采取徒步避难的方式，携带的物品应在最少限度。绝对不能利用汽车、自行车避难。

对于病人等的避难，当地居民的合作互助是不可缺少的。从平时起，邻里之间有必要在事前就避难的方式等进行商定。

9）不要听信谣言，不要轻举妄动

在发生大地震时，人们心理上易产生动摇。为防止混乱，每个人依据正确的信息，冷静地采取行动，极为重要。

从携带的收音机等中把握正确的信息。相信从政府、警察、消防等防灾机构直接得到的信息，决不轻信不负责任的流言蜚语，不要轻举妄动。

以上地震注意事项可以归纳为口诀：

大震来时有预兆，地声地光地颤摇，
虽然短短几十秒，做出判断最重要。
高层楼撤下，　　电梯不可搭，
万一断电力，　　欲速则不达。
平房避震有讲究，是跑是留两可求，
因地制宜做决断，错过时机诸事休。
次生灾害危害大，需要尽量预防它，
电源燃气是隐患，震时及时关上闸。
强震颠簸站立难，就近躲避最明见，
床下桌下小开间，伏而待定保安全。
震时火灾易发生，伏在地上要镇静，
沾湿毛巾口鼻捂，弯腰匍匐逆风行。
震时开车太可怕，感觉有震快停下，
赶紧就地来躲避，千万别在高桥下。
震后别急往家跑，余震发生不可少，
万一赶上强余震，加重伤害受不了。

4.1.2.5 地震自救

地震发生时，至关重要的是要有清醒的头脑，镇静自若的态度。只有镇静，才有可能运用平时学到的防震知识来判断地震的大小和远近。近震常以上下颠簸开始，之后才左右摇摆。远震却少上下颠簸感觉，而以左右摇摆为主，而且声脆，震动小。一般小震和远震不必外逃。由此可见，地震，虽然目前人类还不能完全避免和控制，但是只要能掌握自救、互救技能，就能使灾害降到最低限度。

1)个人自救

(1)保持镇静。在地震中保持镇静十分重要，不少无辜者并不因房屋倒塌而被砸伤或挤压伤致死，而是由于精神崩溃，从而失去生存的希望，乱喊乱叫，在极度恐惧中“扼杀”了自己。这是因为，乱喊乱叫会加速新陈代谢，增加氧的消耗，使体力下降，耐受力降低；同时，大喊大叫，必定会吸入大量烟尘，易造成窒息增加不必要的伤亡。正确态度是在任何恶劣的环境，始终要保持镇静，分析所处环境，寻找出路，等待救援。

(2)止血、固定砸伤和挤压伤。开放性创伤、外出血应首先止血抬高患肢，同时呼救。对开放性骨折，不应作现场复位，以防止组织再度受伤，一般用清洁纱布覆盖创面，作简单固定后再进行运转。不同部位骨折，按不同要求进行固定。并参照不同伤势、伤情进行分类、分级，送医院进一步处理。

(3)妥善处理挤压伤口。应设法尽快解除重压，遇到大面积创伤者，要保持创面清洁，用干净纱布包扎创面，怀疑有破伤风和产气杆菌感染时，应立即与医院联系，及时诊断和治疗。对大面积创伤和严重创伤者，可口服糖盐水，预防休克发生。

(4)防止火灾。地震常引起许多“次生灾害”，火灾是最常见的一种。在大火中应尽快脱离火灾现场，脱下燃烧的衣帽，或用湿衣服覆盖身上，或卧地打滚，也可用水直接浇泼灭火。切忌用双手扑打火苗，以免引起双手烧伤。

(5)预防破伤风和气性坏疽。要尽早深埋尸体，注意饮食饮水卫生，防止大灾后的大疫。

2)学校避震

(1)在操场或室外时，可原地不动蹲下，双手保护头部，注意避开高大建筑物或危险物。

(2)不要回到教室去。

(3)震后应当有组织地撤离。

(4)千万不要跳楼！不要站在窗外！不要到阳台上去！

3)家庭避震

(1)抓紧时间紧急避险。如果感觉晃动很轻,说明震源比较远,只需躲在坚实的家具旁边就可以。大地震从开始到震动过程结束,时间不过十几秒到几十秒,因此抓紧时间进行避震最为关键,不要耽误时间。

(2)选择合适的避震空间。室内较安全的避震空间有:承重墙墙根、墙角,有水管和暖气管道等处。屋内最不利避震的场所是:没有支撑物的床上,吊顶、吊灯下,周围无支撑的地板上,玻璃(包括镜子)和大窗户旁。

(3)做好自我保护。首先要镇静,选择好躲避处后应蹲下或坐下,脸朝下,额头枕在两臂上;或抓住桌腿等身边牢固的物体,以免震时摔倒或因身体失控移位而受伤;保护头颈部,低头,用手护住头部或后颈;保护眼睛,低头、闭眼,以防异物伤害;保护口、鼻,有可能时,可用湿毛巾捂住口、鼻,以防灰土、毒气。

4.1.2.6 震后救护

1)震后自救

地震时如被埋压在废墟下,周围又是一片漆黑,只有极小的空间,一定不要惊慌,要沉着,树立生存的信心,相信会有人来救你,要千方百计保护自己。

地震后,往往还有多次余震发生,处境可能继续恶化,为了免遭新的伤害,要尽量改善自己所处环境。此时,如果应急包在身旁,将会为你脱险起很大作用。

在这种极不利的环境下,第一要保护呼吸畅通,挪开头部、胸部的杂物,闻到煤气、毒气时,用湿衣服等物捂住口、鼻;避开身体上方不结实的倒塌物和其他容易引起掉落的物体;扩大和稳定生存空间,用砖块、木棍等支撑残垣断壁,以防余震发生后,环境进一步恶化。第二要设法脱离险境。如果找不到脱离险境的通道,尽量保存体力,用石块敲击能发出声响的物体,向外发出呼救信号,不要哭喊、急躁和盲目行动,这样会大量消耗精力和体力,尽可能控制自己的情绪或闭目休息,等待救援人员到来。如果受伤,要想法包扎,避免流血过多。第三要维持生命。如果被埋在废墟下的时间比较长,救援人员未到,或者没有听到呼救信号,就要想办法维持自己的生命,防震包的水和食品一定要节约,尽量寻找食品和饮用水,必要时自己的尿液也能起到解渴作用。

2)*震后互救*

震后,外界救灾队伍不可能立即赶到救灾现场,在这种情况下,为使更多被埋压在废墟下的人员获得宝贵的生命,灾区群众积极投入互救,是减轻人员伤亡最及时、最有效的办法。抢救时间及时,获救的希望就越大。据有关资料显示,震后 20 分钟获救的救活率达 98% 以上,震后一小时获救的救活率下降到 63%,震后 2 小时还无法获救的人员中,窒息死亡人数占死亡人数的 58%。他们不是在地震中因建筑物垮塌砸死,而是窒息死亡,如能及时救助是完全可以获得生命的。唐山大地震中有几十万人被埋压在废墟中,灾区群众通过自救、互救使大部分被埋压人员重新获得生命。由灾区群众参与的互救行动,在整个抗震救灾中起到了无可替代的作用。

3)*救人的方法*

应根据震后环境和条件的实际情况,采取行之有效的施救方法,目的就是将被埋压人员安全地从废墟中救出来。

(1)营救前的准备。通过了解、搜寻,确定废墟中有人员被埋压后,判断其埋压位置,向废墟中喊话或用敲击等方法传递营救信号。在进行营救行动之前,要有计划、有步骤,哪里该挖,哪里不该挖,哪里该用锄头,哪里该用棍棒,都要有所考虑。也曾发生过救援人员盲目行动,踩塌被埋压者头上的房盖,砸死被埋人员的情况,因此在营救过程中要科学地分析和行动,才能收到好的营救效果,盲目行动,往往会给营救对象造成新的伤害。

(2)注重营救过程中的安全。营救过程中,要特别注意被埋压人员的安全。①使用的工具(如铁棒、锄头、棍棒等)不要伤及被埋压人员。②不要破坏了被埋压人员所处空间周围的支撑条件,引起新的垮塌,使被埋压人员再次遇险。③应尽快与被埋压人员的封闭空间沟通,使新鲜空气流入,挖扒中如尘土太大应喷水降尘,以免被埋压者窒息。④埋压时间较长,一时又难以救出,可设法向被埋压者输送饮用水、食品和药品,以维持其生命。

(3)施救的科学方法:①先将被埋压人员的头部从废墟中暴露出来,清除其口鼻内的尘土,以保证呼吸畅通。②对于伤害严重,不能自行离开埋压处的人员,应该设法小心地清除其身上和周围的埋压物,再将被埋压人员抬出废墟。③如伤势严重、不能自行出来的,不得强拉硬拖,应设法暴露全身,查明伤情,施行包扎固定或急救。④挖掘时要分清哪些是支撑物,哪些是压埋阻挡物,应保护支撑物,清除埋压物,才能保护被压埋者赖以生存的空间不遭覆压。⑤清除压埋物及进行钻凿、分割时,有条件的要泼水,以防伤员呛闷而死。⑥对暂时无力救出的伤员,要使废墟下面的空间保持通风,递送食品,静等时机再进行营救。

(4)对伤员的护理。对饥渴、受伤、窒息比较严重,埋压时间又较长的人员,被救出后要用深色布料蒙上其眼睛,避免强光刺激,对伤者,根据受伤轻重,进行包扎或送医疗点抢救治疗。

专家提示:科学救护长时间被埋压的幸存者注意护理方法,使其逐步适应获救后的环境,不适当的护理对获救者会造成伤害。

- 将获救者的眼睛蒙住,避免强烈光线刺激。
- 不要使其突然呼吸大量的新鲜空气。
- 不要让其一次进食大量的水和食物。
- 不要让其过于情绪激动。
- 若获救者受伤,应在应急处理后,立刻将其送往医疗点。

4.2 滑 坡

4.2.1 滑坡的分类

为了加强对滑坡的认识和治理,需要对滑坡进行分类。但由于自然界的地质条件和作用因素复杂,各种工程分类的目的和要求又不尽相同,因而可从不同角度进行滑坡分类,根据我国的滑坡类型可有如下的滑坡划分。

4.2.1.1 按滑坡体的体积

(1)小型滑坡:滑坡体积小于10万 m^3;

(2)中型滑坡;滑坡体积为10万~100万 m^3;

(3)大型滑坡:滑坡体积为100万~1 000万 m^3;

(4)特大型滑坡(巨型滑坡):滑坡体积大于1 000万 m^3。

4.2.1.2 按滑坡的滑动速度

(1)蠕动型滑坡:人们仅凭肉眼很难看见其运动,只能通过仪器观测才能发现的滑坡;

(2)慢速滑坡:每天滑动数厘米至数十厘米,人们凭肉眼可直接观察到滑坡的活动;

(3)中速滑坡:每小时滑动数十厘米至数米的滑坡;

(4)高速滑坡:每秒滑动数米至数十米的滑坡。

4.2.1.3 按滑坡体的物质组成和滑坡与地质构造关系

(1)覆盖层滑坡:本类滑坡有黏性土滑坡、黄土滑坡、碎石滑坡、风化壳滑坡;

(2)基岩滑坡:本类滑坡与地质结构的关系可分为均质滑坡、顺层滑坡、切层滑坡,顺层滑坡又可分为沿层面滑动或沿基岩面滑动的滑坡;

(3)特殊滑坡,本类滑坡有融冻滑坡、陷落滑坡等。

4.2.1.4 按滑坡体的厚度

(1)浅层滑坡;

(2)中层滑坡;

(3)深层滑坡;

(4)超深层滑坡。

4.2.1.5 按力学条件

(1)牵引式滑坡;

(2)推动式滑坡。

4.2.1.6 按形成的年代划分

(1)新滑坡;

(2)古滑坡;

(3)老滑坡;

(4)正在发展中滑坡。

4.2.2 滑坡的危害

滑坡常常对工农业生产以及人民生命财产造成巨大损失、有的甚至是毁灭性的灾难。滑坡对乡村最主要的危害是摧毁农田、房舍、伤害人畜、毁坏森林、道路以及农业机械设施和水利水电设施等,有时甚至给乡村造成毁灭性灾害。位于城镇的滑坡常常砸埋房屋,伤亡人畜,毁坏田地,摧毁工厂、学校、机关单位等,并毁坏各种设施,造成停电、停水、停工,有时甚至毁灭整个城镇。发生在工矿区的滑坡,可摧毁矿山设施,伤亡职工,毁坏厂房,使矿山停工停产,常常造成重大损失。

4.2.3 滑坡的判别

4.2.3.1 滑坡的预判

不同类型、不同性质、不同特点的滑坡,在滑动之前,均会表现出不同的异常现象。显示出滑坡的预兆(前兆)。归纳起来,常见的有如下几种:

(1)大滑动之前,在滑坡前缘坡脚处,有堵塞多年的泉水复活现象,或者出现泉水(井水)突然干枯,井(钻孔)水位突变等类似的异常现象。

(2)在滑坡体中,前部出现横向及纵向放射状裂缝,它反映了滑坡体向前推挤并受到阻碍,已进入临滑状态。

(3)大滑动之前,滑坡体前缘坡脚处,土体出现上隆(凸起)现象,这是滑坡明显的向前推挤现象。

(4)大滑动之前,有岩石开裂或被剪切挤压的音响。这种现象反映了深部变形与破裂。动物对此十分敏感,有异常反应。

(5)临滑之前,滑坡体四周岩(土)体会出现小型崩塌和松弛现象。

(6)如果在滑坡体有长期位移观测资料,那么大滑动之前,无论是水平位移量或垂直位移量,均会出现加速变化的趋势,这是临滑的明显迹象。

(7)滑坡后缘的裂缝急剧扩展,并从裂缝中冒出热气或冷风。

(8)临滑之前,在滑坡体范围内的动物惊恐异常,植物变态。如猪、狗、牛惊恐不宁,不入睡,老鼠乱窜不进洞,树木枯萎或歪斜等。

4.2.3.2 滑坡的识别

在野外,从宏观角度观察滑坡体,可以根据一些外表迹象和特征,可粗略地判断它的稳定性。

1)已稳定的老滑坡体特征

(1)后壁较高,长满了树木,找不到擦痕,且十分稳定;

(2)滑坡平台宽大且已夷平,土体密实,有沉陷现象;

(3)滑坡前缘的斜坡较陡,土体密实,长满树木,无松散崩塌现象。前缘迎河部分有被河水冲刷过的现象;

(4)目前的河水远离滑坡的舌部,甚至在舌部外已有漫滩、阶地分布;

(5)滑坡体两侧的自然冲刷沟切割很深,甚至已达基岩;

(6)滑坡体舌部的坡脚有清晰的泉水流出等。

2)不稳定的滑坡体的迹象

(1)滑坡体表面总体坡度较陡,而且延伸很长,坡面高低不平;

(2)有滑坡平台、面积不大,且有向下缓倾和未夷平现象;

(3)滑坡表面有泉水、湿地,且有新生冲沟;

(4)滑坡表面有不均匀沉陷的局部平台,参差不齐;

(5)滑坡前缘土石松散,小型坍塌时有发生,并面临河水冲刷的危险;

(6)滑坡体上无巨大直立树木。

4.2.4 防治与救护

4.2.4.1 滑坡的防治

滑坡的防治要贯彻"及早发现,预防为主;查明情况,综合治理;力求根治,不留后患"的原则。结合边坡失稳的因素和滑坡形成的内外部条件,治理滑坡可以从以下两个大的方面着手。

1)消除和减轻地表水和地下水的危害

滑坡的发生常和水的作用有密切的关系,水的作用往往是引起滑坡的主要因素。因此,消除和减轻水对边坡的危害尤其重要,其目的是:降低孔隙水压力和动水压力,防止岩土体的软化及溶蚀分解,消除或减小水的冲刷和浪击作用。具体做法有:防止外围地表水进入滑坡区,可在滑坡边界修截水沟;在滑坡区内,可在坡面修筑排水沟。在覆盖层上可用浆砌片石或人造植被铺盖,防止地表水下渗。对于岩质边坡还可用喷混凝土护面或挂钢筋网喷混凝土。排除地下水的措施很多,应根据边坡的地质结构特征和水文地质条件加以选择。常用的方法有:水平钻孔疏干,垂直孔排水,竖井抽水,隧洞疏干,支撑盲沟。

其主要工程措施如下:

(1)排除地表水。排除地表水是整治滑坡不可缺少的辅助措施,而且应是首先采取并长期运用的措施。其目的在于拦截、旁引滑坡区外的地表水,避免地表水流入滑坡区内;或将滑坡区内的雨水及泉水尽快排除,阻止雨水、泉水进入滑坡体内。主要工程措施有设置滑坡体外截水沟、滑坡体上地表水排水沟、引泉工程、做好滑坡区的绿化工作等。

(2)排除地下水。对于地下水,可疏而不可堵。其主要工程措施有:

截水盲沟——用于拦截和旁引滑坡区外围的地下水;

支撑盲沟——兼具排水和支撑作用;

仰斜孔群——用近于水平的钻孔把地下水引出。

此外,还有盲洞、渗管、垂直钻孔等排除滑坡体内地下水的工程措施。

(3)防止河水、库水对滑坡体坡脚的冲刷。主要工程措施有:在滑坡体上游严重冲刷地段修筑促使主流偏向对岸的"丁坝";在滑坡体前缘抛石、铺设石笼、修筑钢筋混凝土块排管,以使坡脚的土体免受河水冲刷。

2)改善边坡岩土体的力学强度

通过一定的工程技术措施,改善边坡岩土体的力学强度,提高其抗滑力,减小滑动力。

常用的措施如下:

(1)削坡减载。用降低坡高或放缓坡角来改善边坡的稳定性。削坡设计应尽量削减不稳定岩土体的高度,而阻滑部分岩土体不应削减。此法并不总是最经济、最有效的措施,要在施工前作经济技术比较。

(2)边坡人工加固。常用的方法有:修筑挡土墙、护墙等支挡不稳定岩体;钢筋混凝土抗滑桩或钢筋桩作为阻滑支撑工程预应力锚杆或锚索,适用于加固有裂隙或软弱结构面的岩质边坡;固结灌浆或电化学加固法加强边坡岩体或土体的强度;SNS 边坡柔性防护技术等。

4.2.4.2 应对措施

当遇滑坡发生时,至少应当做到如下几点:

(1)当处在滑坡体上时，首先应保持冷静，不能慌乱。要迅速环顾四周，向较安全的地段撤离。一般除高速滑坡外，只要行动迅速，都有可能逃离危险区段。跑离时，向两侧跑为最佳方向。在向下滑动的山坡中，向上或向下跑都是很危险的。当遇无法跑离的高速滑坡时，更不能慌乱，在一定条件下，如滑坡呈整体滑动时，原地不动，或抱住大树等物，不失为一种有效的自救措施。如1983年3月7日发生在甘肃省东乡县的著名的高速黄土滑坡——洒勒山滑坡中的幸存者就是在滑坡发生时，紧抱住滑坡体上的一棵大树而得生。

(2)当处于非滑坡区，而发现可疑的滑坡活动时，应立即报告邻近的村、乡、县等有关政府或单位。如群测群防站或县、市、地区及省政府，均设有国土资源局。该机构应责无旁贷地担当此项责任，并立即组织有关政府、单位、部队、专家及当地群众参加抢险救灾活动。

(3)政府部门应立即实施应急措施(或计划)，迅速组织群众撤离危险区及可能的影响区，并通知邻近的河谷、山沟中的人们做好撤离准备，密切注视灾情的蔓延和转化。如滑坡常在暴雨、洪水中转化为泥石流灾害(即次生灾害)。注意，因滑坡可能危害到的某些生命线工程(如水库、干线铁路、干线公路、发电厂、通信设备、干线渠道等)所引发的次生灾害或第三次灾害的发生，如火灾、洪水等。注意调查滑坡是否有间歇性活动特点，尽可能确定其再次活动的可能性和时间。如果必要的话(需经有关专家或科技人员论证)，应迅速设立观测点(站)或观测网，密切注视其变化动态，“亡羊补牢，犹未为晚”。

4.2.4.3 自救与互救

1)滑坡来临前山坡的变化

(1)土质滑坡张开的裂缝延伸方向往往与斜坡延伸方向平行，弧形特征较为明显，其水平扭动的裂缝走向常与斜坡走向直接相交，并较为平直。

(2)岩质滑坡裂缝的展布方向往往受到岩层面和节理面的控制。

(3)当地面裂缝出现时,有可能发生滑坡。

一定不要:

➢ 认为山坡出现裂缝为正常现象。

➢ 根本不在乎。

2)滑坡到来前周围事物的变化

(1)当斜坡局部沉陷,而且该沉陷与地下存在的洞室以及地面较厚的人工填土无关时,将有可能发生滑坡。

(2)山坡上建筑物变形,而且变形构筑物在空间展布上具有一定的规律,将有可能发生滑坡。

(3)泉水、井水的水质浑浊,原本干燥的地方突然渗水或出现泉水蓄水池大量漏水时,将有可能发生滑坡。

(4)地下发生异常响声,同时家禽、家畜有异常反应,将有可能发生滑坡。

一定不要:

➢ 不作出正确的判断,便惊慌失措。

➢ 将其他因素干扰带来的异常视为滑坡来临的前兆。

3)选择正确的临时避灾场地

提前搬迁到安全场地是防御滑坡灾害的最佳办法。

(1)应在滑坡隐患区附近提前选择几处安全的避难场地。

(2)避灾场地应选择在易滑坡两侧边界外围。在确保安全的情况下,离原居住处越近越好,交通、水、电越方便越好。

一定不要:

➢ 将避灾场地选择在滑坡的上坡或下坡。

➢ 不经全面考察,从一个危险区搬迁到另一个危险区。

4)滑坡过后,正确面对矗立的房屋

仔细检查房屋各种设施是否遭到损坏。在重新入住之前,应注意检查屋内水、电、煤气等设施是否损坏,管道、电线等是否发生破裂和折断,如发现故障,应立刻修理。

一定不要：

➢ 没有仔细进行水、电、煤气安全检查便进入房屋内生活。

5）滑坡发生时，身处非滑坡山体区，应正确应对

及时报告对减轻灾害损失非常重要。

（1）不要慌张，尽可能将灾害发生的详细情况迅速报告相关政府部门和单位。

（2）做好自身的安全防护工作。

一定不要：

➢ 认为与自己无关，不予报告。

➢ 只身前去抢险救灾。

6）正处在滑坡的山体上的应对

沉着冷静，不要慌乱。

（1）向滑坡方向的两侧逃离，并尽快在周围寻找安全地带。

（2）当无法继续逃离时，应迅速抱住身边的树木等固定物体。

一定不要：

➢ 逃离时朝着滑坡方向跑。

➢ 不知所措。

7）驱车从发生滑坡地区经过的处理方法

严密观察，注意安全行驶。

（1）注意路上随时可能出现的各种危险，如掉落的石头、树枝等。

（2）查看清楚前方道路是否存有塌方、沟壑等，以免发生危险。

一定不要：

➢ 不探明情况，便驱车通过。

➢ 刚刚发生滑坡，便通过此地区。

8）发生滑坡后的应对

不要再闯入已经发生滑坡的地区找寻损失的财物。

（1）可以马上参与营救其他遇险者。

(2)不要在滑坡危险期未过就回发生滑坡的地区居住,以免再次滑坡发生带来危险。

(3)滑坡已经过去,在确认自家的房屋远离滑坡区域、完好安全后,方可进入生活。

一定不要:

➢ 滑坡停止后,立刻回家检查情况。

➢ 忽视滑坡会连续发生的危险性。

9)被滑坡掩埋人和物的抢救

(1)将滑坡体后缘的水排干。

(2)从滑坡体的侧面开始挖掘。

(3)先救人,后救物。

一定不要:

➢ 从滑坡体下缘开挖,这会使滑坡加快。

➢ 只顾自家,不顾他人。

10)野外露宿时避免遭遇滑坡

野外露宿时应避开沟壑和陡峭的悬崖。

(1)野外露宿时避开陡峭的悬崖和沟壑。

(2)野外露宿时避开植被稀少的山坡。

(3)非常潮湿的山坡也是滑坡的可能发生地区。

一定不要:

➢ 在已出现裂缝的山坡宿营。

➢ 在余震多发时期进入滑坡多发区。

4.3 泥石流

4.3.1 概述

泥石流是指在山区或者其他沟谷深壑、地形险峻的地区,因为暴雨暴雪或其他自然灾害引发的山体滑坡并挟带有大量泥沙以及石块的特殊洪流。泥石流具有突然性以及流速快,流量大,物质容量大和破坏力强等特点,发生泥石流常常会冲毁公路铁路等交通设施甚至村镇等,造成巨大损失。

泥石流是暴雨、洪水将含有沙石且松软的土质山体经饱和稀释后形成的洪流,它的面积、体积和流量都较大,而滑坡是经稀释土质山体小面积的区域。典型的泥石流由悬浮着粗大固体碎屑物并富含粉砂及黏土的黏稠泥浆组成。在适当的地形条件下,大量的水体浸透流水山坡或沟床中的固体堆积物质,使其稳定性降低,饱含水分的固体堆积物质在自身重力作用下发生运动,就形成了泥石流。

泥石流流动的全过程一般只有几个小时,短的只有几分钟。泥石流是一种广泛分布于世界各国一些具有特殊地形、地貌状况地区的自然灾害。泥石流大多伴随山区洪水而发生,它与一般洪水的区别是洪流中含有足够数量的泥沙石等固体碎屑物,其体积含量最少为15%,最高可达80%左右,它的运动过程介于山崩、滑坡和洪水之间,因此比洪水更具有破坏力。泥石流的主要危害是冲毁城镇、企事业单位、工厂、矿山、乡村,造成人畜伤亡,破坏房屋及其他工程设施,破坏农作物、林木及耕地。此外,泥石流有时也会淤塞河道,不但阻断航运,还可能引起水灾。影响泥石流强度的因素较多,如泥石流容量、流速、流量等,其中泥石流流量对泥石流成灾程度的影响最为主要。此外,多种人为活动也在多方面加剧着上述因素的作用,促进泥石流的形成。

世界上发生泥石流的区域分布广泛。除南极洲外,各大洲都有泥石流的踪迹。泥石流最多的地区是欧洲阿尔卑斯山区、亚洲喜马拉雅山区、南北美洲太平洋沿岸山区和欧亚美各大洲内部的一些山区。

我国是多山之国,受岩层断裂等地质构造的影响,许多山体陡峭,岩石结构不稳固,森林覆盖面积不多,遇到季风气候的连阴雨、大暴雨天气,常发生严重的泥石流灾害。黄土高原、天山、昆仑山等山前地带、太行山、长白山泥石流危害都很严重。我国的台湾省也经常有泥石流发生。

据统计，我国每年有近百座县城受到泥石流的直接威胁和危害；有 20 条铁路干线的走向经过 1 400 余条泥石流分布范围内，1949 年以来，先后发生中断铁路运行的泥石流灾害 300 余起，有 33 个车站被淤埋。在我国的公路网中，以川藏、川滇、川陕、川甘等线路的泥石流灾害最为严重，仅川藏公路沿线就有泥石流沟 1 000 余条，先后发生泥石流灾害 400 余起，每年因泥石流灾害阻碍车辆行驶时间长达 1 ~6 个月。泥石流还对一些河流航道造成严重危害，如金沙江中下游、雅砻江中下游和嘉陵江中下游等，泥石流活动及其堆积物是这些河段通航的最大障碍。泥石流还对修建于河道上的水电工程造成很大危害，如云南省近几年受泥石流冲毁的中、小型水电站达 360 余座、水库 50 余座；上千座水库因泥石流活动而严重淤积，造成巨大的经济损失。

4.3.2 主要分类

1）按物质成分

（1）由大量黏性土和粒径不等的砂粒、石块组成的叫泥石流；

（2）以黏性土为主，含少量砂粒、石块，黏度大、呈稠泥状的叫泥流；

（3）由水和大小不等的砂粒、石块组成的称之为水石流。

2）按流域形态

（1）标准型泥石流。为典型的泥石流，流域呈扇形，面积较大，能明显地划分出形成区、流通区和堆积区。

（2）河谷型泥石流。流域呈狭长条形，其形成区多为河流上游的沟谷，固体物质来源较分散，沟谷中有时常年有水，故水源较丰富，流通区与堆积区往往不能明显分出。

（3）山坡型泥石流。流域呈斗状，其面积一般小于 1 000 m^2，无明显流通区，形成区与堆积区直接相连。

3)按物质状态

(1)黏性泥石流,含大量黏性土的泥石流或泥流。其特征是:黏性大,固体物质占40% ~60%,最高达80%。其中的水不是搬运介质,而是组成物质,稠度大,石块呈悬浮状态,暴发突然,持续时间亦短,破坏力大。

(2)稀性泥石流,以水为主要成分,黏性土含量少,固体物质占10% ~40%,有很大分散性。水为搬运介质,石块以滚动或跃移方式前进,具有强烈的下切作用。其堆积物在堆积区呈扇状散流,停积后似"石海"。

以上分类是中国最常见的分类方法。除此之外,按泥石流的成因还可分为水川型泥石流、降雨型泥石流;按泥石流流域大小可分为大型泥石流、中型泥石流和小型泥石流;按泥石流发展阶段可分为发展期泥石流、旺盛期泥石流和衰退期泥石流等。

4.3.3 主要危害

泥石流常常具有暴发突然、来势凶猛、迅速之特点,并兼有崩塌、滑坡和洪水破坏的双重作用,其危害程度比单一的崩塌、滑坡和洪水的危害更为广泛与严重。它对人类的危害具体表现在以下四个方面。

(1)对居民点的危害。泥石流最常见的危害之一,是冲进乡村、城镇,摧毁房屋、工厂、企事业单位及其他场所设施。淹没人畜,毁坏土地,甚至造成村毁人亡的灾难。如1969年8月云南省大盈江流域弄璋区南拱泥石流,使新章金、老章金两村被毁,97人丧生,经济损失近百万元。还有2010年8月7日至8日,甘肃省舟曲暴发特大泥石流,造成1 270人遇难、474人失踪,舟曲5 km长、500 m宽区域被夷为平地。

(2)对公路和铁路的危害。泥石流可直接埋没车站,铁路、公路,摧毁路基、桥涵等设施,致使交通中断,还可引起正在运行的火车、汽车颠覆,造成重大的人身伤亡事故。有时泥石流汇入河道,引起河道大幅度变迁，间接毁坏公路、铁路及其他构筑物，甚至迫使道路改线，造成巨大的经济损失。如甘川公路 394 km 里处对岸的石门沟，1978 年 7 月暴发泥石流，堵塞白龙江，公路因此被淹 1 km，白龙江改道使长约 2 km 的路基变成了主河道，公路、护岸及渡槽全部被毁。该段线路自 1962 年以来，由于受对岸泥石流的影响已 3 次被迫改线。新中国成立以来，泥石流给我国铁路和公路造成了无法估计的巨大损失。

(3)对水利水电工程的危害。主要是冲毁水电站、引水渠道及过沟建筑物，淤埋水电站尾水渠，并淤积水库、磨蚀坝面等。

(4)对矿山的危害。主要是摧毁矿山及其设施，淤埋矿山坑道，伤害矿山人员，造成停工停产，甚至使矿山报废。

4.3.4　形成原因

4.3.4.1　形成条件

泥石流的形成需要三个基本条件，即有陡峭便于集水集物的适当地形，上游堆积有丰富的松散固体物质，短期内有突然性的大量流水来源。

1)地形地貌条件

在地形上具备山高沟深，地形陡峻，沟床纵比降大，流域形状便于水流汇集。在地貌上，泥石流的地貌一般可分为形成区、流通区和堆积区三部分。上游形成区的地形多为三面环山，一面出口为瓢状或漏斗状，地形比较开阔、周围山高坡陡、山体破碎、植被生长不良，这样的地形有利于水和碎屑物质的集中；中游流通区的地形多为狭窄陡深的峡谷，谷床纵坡降大，使泥石流能迅猛直泻；下游堆积区的地形为开阔平坦的山前平原或河谷阶地，使堆积物有堆积场所。

2)松散物质来源条件

泥石流常发生于地质构造复杂、断裂褶皱发育，新构造活动强烈，地震烈度较高的地区。地表岩石破碎，崩塌、错落、滑坡等不良地质现象发育，为泥石流的形成提供了丰富的固体物质来源；另外，岩层结构松散、软弱、易于风化、节理发育或软硬相间成层的地区,因易受破坏,也能为泥石流提供丰富的碎屑物来源;一些人类工程活动,如滥伐森林造成水土流失,开山采矿、采石弃渣等,往往也为泥石流提供大量的物质来源。

3)水源条件

水既是泥石流的重要组成部分,又是泥石流的激发条件和搬运介质(动力来源),泥石流的水源,有暴雨、冰雪融水和水库溃决水体等形式。我国泥石流的水源主要是暴雨、长时间的连续降雨等。

4.3.4.2 发生规律

泥石流发生的时间具有季节性和周期性规律。

1)季节性

我国泥石流的暴发主要是受连续降雨、暴雨,尤其是特大暴雨集中降雨的激发。因此,泥石流发生的时间规律是与集中降雨时间规律相一致,具有明显的季节性。一般发生在多雨的夏秋季节。因集中降雨的时间的差异而有所不同。四川、云南等西南地区的降雨多集中在6~9月,因此西南地区的泥石流多发生在6~9月;而西北地区降雨多集中在6、7、8三个月,尤其是7、8两个月降雨集中,暴雨强度大,因此西北地区的泥石流多发生在7、8两个月。据不完全统计,发生在这两个月的泥石流灾害约占该地区全部泥石流灾害的90%以上。

2)周期性

泥石流的发生受暴雨、洪水的影响,而暴雨、洪水总是周期性地出现。因此,泥石流的发生和发展也具有一定的周期性,且其活动周期与暴雨、洪水的活动周期大体相一致。当暴雨、洪水两者的活动周期是与季节性相叠加,常常形成泥石流活动的一个高潮。

4.3.4.3 诱发因素

由于工农业生产的发展,人类对自然资源的开发程度和规模也在不断发展。当人类经济活动违反自然规律时,必然引起大自然的报复,有些泥石流的发生,就是由于人类不合理的开发而造成的。近年来，因为人为因素诱发的泥石流数量正在不断增加，可能诱发泥石流的主要因素如下。

1）自然原因

岩石的风化是自然状态下既有的，在这个风化过程中，既有氧气、二氧化碳等物质对岩石的分解，也有因为降水中吸收了空气中的酸性物质而产生的对岩石的分解，也有地表植被分泌的物质对土壤下的岩石层的分解，还有就是霜冻对土壤形成的冻结和溶解造成的土壤的松动。这些原因都能造成土壤层的增厚和松动。

2）不合理开挖

修建铁路、公路、水渠以及其他工程建筑的不合理开挖。有些泥石流就是在修建公路、水渠、铁路以及其他建筑活动，破坏了山坡表面而形成的。如云南省东川至昆明公路的老干沟，因修公路及水渠，使山体破坏，加之1966年犀牛山地震又形成崩塌、滑坡，致使泥石流更加严重。又如香港多年来修建了许多大型工程和地面建筑，几乎每个工程都要劈山填海或填方才能获得合适的建筑场地，1972年一次暴雨，使正在施工的挖掘工程现场120人死于滑坡造成的泥石流。

3）不合理的弃土、弃渣、采石

这种行为形成的泥石流的事例很多。如四川省冕宁县泸沽铁矿汉罗沟，因不合理堆放弃土、矿渣，1972年一场大雨暴发了矿山泥石流，冲出松散固体物质约10万 m^3，淤埋成昆铁路300 m和喜（德）—西（昌）公路250 m，中断行车，给交通运输带来严重损失。又如甘川公路西水附近，1973年冬在沿公路的沟内开采石料，1974年7月18日发生泥石流，使15座桥涵淤塞。

4）滥伐乱垦

滥伐乱垦会使植被消失，山坡失去保护、土体疏松、冲沟发育，大大加重了水土流失，进而山坡的稳定性被破坏，崩塌、滑坡等不良地质现象发育，结果就很容易产生泥石流。例如甘肃省白龙江中游现在是我国著名的泥石流多发区。而在一千多年前，那里竹树茂密、山清水秀，后因伐木烧炭、烧山开荒，森林被破坏，才造成泥石流泛滥。

又如甘川公路石坳子沟山上大耳头,原是森林区,因毁林开荒,1976年发生泥石流毁坏了下游村庄、公路,造成人民生命财产的严重损失。当地群众说:“山上开亩荒,山下冲个光。”

5)次生灾害

如云南省东川地区在1966年是近十几年的强震期,使东川泥石流的发展加剧。仅东川铁路在1970~1981年的11年中就发生泥石流灾害250余次。又如1981年,东川达德线泥石流,成昆铁路利子伊达泥石流,宝成铁路、宝天铁路的泥石流,都是在大周期暴雨的情况下发生的。

4.3.5 预防与救护

4.3.5.1 预防措施

1)房屋不要建在沟口和沟道上

受自然条件限制,很多村庄建在山麓扇形地上。山麓扇形地是历史泥石流活动的见证,从长远的观点看,绝大多数沟谷都有发生泥石流的可能。因此,在村庄选址和规划建设过程中,房屋不能占据泄水沟道,也不宜离沟岸过近;已经占据沟道的房屋应迁移到安全地带。在沟道两侧修筑防护堤和营造防护林,可以避免或减轻因泥石流溢出沟槽而对两岸居民造成的伤害。

2)不能把冲沟当做垃圾排放场

在冲沟中随意弃土、弃渣、堆放垃圾,将给泥石流的发生提供固体物源、促进泥石流的活动;当弃土、弃渣量很大时,可能在沟谷中形成堆积坝,堆积坝溃决时必然发生泥石流。因此,在雨季到来之前,最好能主动清除沟道中的障碍物,保证沟道有良好的泄洪能力。

3)保护和改善山区生态环境

泥石流的产生和活动程度与生态环境质量有密切关系。一般来说,生态环境好的区域,泥石流发生的频度低、影响范围小;生态环境差的区域,泥石流发生频度高、危害范围大。提高小流域植被覆盖率,在村庄附近营造一定规模的防护林,不仅可以抑制泥石流形成、降低泥石流发生频率，而且即使发生泥石流，也多了一道保护生命财产安全的屏障。

4）雨季不要在沟谷中长时间停留

雨天不要在沟谷中长时间停留，一旦听到上游传来异常声响，应迅速向两岸上坡方向逃离。雨季穿越沟谷时，先要仔细观察，确认安全后再快速通过。山区降雨普遍具有局部性特点，沟谷下游是晴天，沟谷上游不一定也是晴天，“一山分四季，十里不同天”就是群众对山区气候变化无常的生动描述，即使在雨季的晴天，同样也要提防泥石流灾害。

5）泥石流监测预警

监测流域的降雨过程和降雨量（或接收当地天气预报信息），根据经验判断降雨激发泥石流的可能性；监测沟岸滑坡活动情况和沟谷中松散土石堆积情况，分析滑坡堵河及引发溃决型泥石流的危险性，下游河水突然断流，可能是上游有滑坡堵河、溃决型泥石流即将发生的前兆；在泥石流形成区设置观测点，发现上游形成泥石流后，及时向下游发出预警信号。

对城镇、村庄、厂矿上游的水库和尾矿库经常进行巡查，发现坝体不稳时，要及时采取避灾措施，防止坝体溃决引发泥石流灾害。

4.3.5.2 避险与自救

山地灾害来势凶猛、威力无比，远比洪水来得突然，也更加惨烈。所以，远离灾害、避开险境是最好的防灾方法。前往山区沟谷旅游，事先一定要了解当地的近期天气实况和未来数日的天气预报及地质灾害气象预报。游客应尽量避免大雨天或连续阴雨天前往这些景区旅游。如恰逢恶劣天气，宁可蒙受经济损失、调整旅游路线，也不可贸然前往。

地质专家告诉我们，泥石流、滑坡、崩塌的发生也有迹可循。坡度较陡或坡体成孤立山嘴或为凹形陡坡、坡体上有明显的裂缝、坡体前部存在临空空间或有崩塌物，这说明曾经发生过滑坡或崩塌，今后还可能再次发生；河流突然断流或水势突然加大，并夹有较多柴草、树木,深谷或沟内传来类似火车的轰鸣或闷雷般的声音,沟谷深处突然变得昏暗,还有轻微震动感,这些迹象都能确认沟谷上游已发生泥石流。

如果在山区旅游时不幸遇上泥石流,一定不要惊慌,必须遵循规律采取以下应急避险措施:

根据各种现象判断泥石流发生之后应立即逃逸,选择最短最安全的路径向沟谷两侧山坡或高地跑,切忌顺着泥石流前进方向奔跑;不要停留在坡度大、土层厚的凹处;不要上树躲避,因泥石流可扫除沿途一切障碍;避开河(沟)道弯曲的凹岸或地方狭小高度又低的凸岸;不要躲在陡峻山体下,防止坡面泥石流或崩塌的发生;长时间降雨或暴雨渐小之后或雨刚停不能马上返回危险区,泥石流常滞后于降雨暴发;白天降雨较多后,夜间密切注意雨情,最好提前转移、撤离;人们在山区沟谷中游玩时,切忌在沟道处或沟内的低平处搭建宿营棚。游客切忌在危岩附近停留,不能在凹形陡坡危岩突出的地方避雨、休息和穿行,不能攀登危岩。

4.3.5.3 灾后疾控

发生泥石流以后,灾区的卫生条件差,特别是饮用水的卫生难以得到保障,首先要预防的是肠道传染病,如霍乱、伤寒、痢疾、甲型肝炎等。另外,人畜共患疾病和自然疫源性疾病也是灾害期间极易发生的,如鼠媒传染病、寄生虫病、虫媒传染病等。

(1)泥石流灾后易出现疫情,灾区群众应注意预防传染病。注意饮食和饮水卫生,养成良好的生活习惯是预防传染病的关键。

(2)灾区群众要把好“病从口入”关,不要喝生水,饭前便后要洗手,不用脏水漱口或洗瓜果蔬菜,不要食用发霉、腐烂的食物,淹死、病死的家禽家畜要深埋,掌握“勤洗手、喝开水、吃熟食、趁热吃”防病口诀。

(3)要注意搞好环境卫生,不要随地大小便,及时清理粪便和垃圾,不能直接用手接触死鼠及其排泄物。

(4)室外活动时要尽量穿长衣裤,扎紧裤腿和袖口,防止蚊虫叮咬，暴露在外的皮肤可涂抹驱蚊剂。

(5)灾区群众要积极配合卫生防疫人员的消毒工作，在外劳动时应注意防止皮肤受伤。

4.4 水土流失

4.4.1 形成原因

我国大部分地区属于季风气候，降水量集中，雨季降水量常占全年降水量的60%～80%，且多暴雨。同时我国是个多山国家，山地面积占国土面积的2/3；我国又是世界上黄土分布最广的国家。山地丘陵和黄土地区地形起伏，黄土或松散的风化壳在缺乏植被保护情况下极易发生侵蚀。易于发生水土流失的地质地貌条件和气候条件是造成我国发生水土流失的主要原因。另外，我国人口多，粮食、民用燃料需求等压力大，在生产力水平不高的情况下，对土地实行掠夺性开垦，片面强调粮食产量，忽视因地制宜的农林牧综合发展，把只适合林、牧业利用的土地也辟为农田。大量开垦陡坡，以致陡坡越开越贫，越贫越垦，生态系统恶性循环；滥砍滥伐森林，甚至乱挖树根、草坪，树木锐减，使地表裸露，这些都加重了水土流失。

4.4.1.1 自然因素

自然因素主要有地形、降雨、土壤（地面物质组成）、植被四个方面。

(1)地形。地面坡度越陡，地表径流的流速越快，对土壤的冲刷侵蚀力就越强。坡面越长，汇集地表径流量越多，冲刷力也越强。

(2)降雨。产生水土流失的降雨，一般是强度较大的暴雨，降雨强度超过土壤入渗强度才会产生地表（超渗）径流，造成对地表的冲刷侵蚀。

(3)土壤（地面物质组成）。

(4)植被。达到一定郁闭度的林草植被有保护土壤不被侵蚀的作用。郁闭度越高,保持水土的作用越强。

4.4.1.2 人为因素

人类对土地不合理的利用、破坏了地面植被和稳定的地形,以致造成严重的水土流失。这些因素主要包括:

(1)植被的破坏。

(2)不合理的耕作制度。

(3)过度的资源、矿产开发。

4.4.2 预防与保护

4.4.2.1 预防措施

(1)还原河岸生态环境,恢复土地肥力并且用植被来固定土地。恢复地区生态环境,实施起来难度大,消耗人力财力,收效不会在短期内体现,而且在恶性循环状态下,这样做基本行不通,但是作为预防水土流失的方法,是个极佳的途径。

(2)兴修水利工程,调洪拦沙。兴修水利的作用是比较大的,而且治标治本,收效也快。虽然投资大,但是收益是长远的,产生的价值是不可估量的。例如江苏北部的新沂河,正是由于水利工程搞得好,虽然两岸土质多为沙土,但却基本上不存在水土流失现象。

(3)修建水泥石岸。修建水泥石岸并不是最佳方法,但是收效是立即的,而且是长远的。但是,这种方法只适用于小河流,而且成本较高。治理大江大河完全不用考虑这招。

(4)加强对人民进行水土流失的相关教育。

4.4.2.2 治理措施

水土流失的治理应从地表径流形成地段开始,沿径流运动路线,因地制宜,步步设防治理,实行预防和治理相结合,以预防为主;治坡与治沟相结合,以治坡为主;工程措施与生物措施相结合,以生物措施为主。只有采取各种措施综合治理和集中治理, 持续治理,才能奏效。

(1)生物措施。生物措施主要指种树种草,通过植树造林,特别是种植抗旱保水的植被，利用其强大的根系锁住水分；如在黄土高原地区开展的大规模的退耕还林。这是治理水土流失的根本措施之一，但种树种草要因地制宜，沟壑斜坡上适宜种护坡林，沟壑中则应沿着侵蚀沟道植树，有些地区还应辅以工程措施。

(2)工程措施。工程措施是指兴修水库、修建水平梯田、打坝淤地等。把坡地推成梯田，利用鱼鳞坑、水窖等积水，结合小流域综合治理。在沟道里打坝淤地，拦蓄泥沙，不仅可以防止泥沙流入河中，还可以在淤地上种植庄稼，治沙效果显著。

(3)以小流域为单元的综合治理。小流域指相当于坳沟或河沟的沟道流域。以小流域为单元的综合治理过程中，应注意贯彻生物措施与工程措施紧密结合的原则。

第 5 章　其他自然灾害

5.1　森林火灾

5.1.1　形成原因

森林火灾的发生和蔓延与气象条件关系密切。除雷电可以直接引起森林火灾外，高温、干燥是易于成灾的重要气象条件。而在风的作用下，森林可燃物更易干燥，特别是旱风或焚风会迅速提高森林易燃性；风还可以影响森林草原大火蔓延的方向、速度、燃烧强度；风也可提供更多氧气，能助燃并扩大可燃物的受火面积。

不过，从森林火灾的直接原因来看，森林火灾绝大部分是人为造成的，主要致灾原因包括烧荒烧炭、烧牧场、烧窑、烧隔离带、机车喷火、野外吸烟、取暖做饭、烧山驱兽、上坟烧纸、小孩玩火等。还有一些则是因为邻近地区发生了火灾而引发的，例如我国有几次森林大火就是从俄罗斯蔓延而来，然后在相应的气象条件下继续扩大。

5.1.2　分类

1)按着火面积和伤亡人数

按照受害森林面积和伤亡人数，森林火灾分为一般森林火灾、较大森林火灾、重大森林火灾和特别重大森林火灾：

(1)一般森林火灾：受害森林面积在 1 hm^2 以下或者其他林地起火的，或者死亡 1 人以上 3 人以下的，或者重伤 1 人以上 10 人以下的。

(2)较大森林火灾：受害森林面积在 1 hm^2 以上 100 hm^2 以下的，或者死亡 3 人以上 10 人以下的，或者重伤 10 人以上 50 人以下的。

(3)重大森林火灾:受害森林面积在100 hm^2 以上1 000 hm^2 以下的,或者死亡10人以上30人以下的,或者重伤50人以上100人以下的。

(4)特别重大森林火灾:受害森林面积在1 000 hm^2 以上的,或者死亡30人以上的,或者重伤100人以上的。

2)按火烧强度

(1)高强度火烧。林木有80%以上烧伤或烧死,林下灌木全部烧毁,熏黑高度在5 m以上。由于地面所有有机物全被烧掉,矿质土的颜色和结构均发生变化。

(2)中强度火烧。介于重度和轻度火烧之间,枯枝落叶层和半腐层被烧毁,半腐层以下颜色不变。

(3)低强度火烧。林木被烧死或烧伤10%以下,林下灌木部分被烧毁(40%以下),树干熏黑高度2 m以下。

5.1.3 火灾预防

发生森林火灾必须具备三个基本条件:可燃物(包括树木、草灌等植物)是发生森林火灾的物质基础;火险天气是发生火灾的重要条件;火源是发生森林火灾的主导因素,三者缺一不可。大量的事实说明,森林火灾是可以预防的,可燃物和火源可以进行人为控制,而火险天气也可进行预测预报进行防范。

森林防火工作是我国防灾减灾工作的重要组成部分,是国家公共应急体系建设的重要内容,是社会稳定和人民安居乐业的重要保障,是加快林业发展、加强生态建设的基础和前提,事关森林资源和生态安全,事关人民群众生命财产安全,事关改革发展稳定的大局。简单地说,森林防火就是防止森林火灾的发生和蔓延,即对森林火灾进行预防和扑救。预防森林火灾的发生,就要了解森林火灾发生的规律,采取行政、法律、经济相结合的办法,运用科学技术手段,最大限度地减少火灾发生次数。扑救森林火灾,就是要了解森林火灾燃烧的规律,建立严密的应急机制和强有力的指挥系统,组织训练有素的扑火队伍,运用有效、科学的方法和先进的扑火设备及时进行扑救,最大限度地减少火灾损失。

森林火灾预防的主要措施如下。

1)控制人为火源

为了控制人为火源的发生,在林区的防火季节,要利用各种形式广泛宣传护林防火基本知识、有关法令和规章制度,使之家喻户晓;同时要严格执行入山管理和控制野外用火。

2)建立防火设施

用于隔离火灾蔓延和及时发现火情的各种设施,与各种天然或人工防火屏障,如江河、水塘、陡峭山崖、公路、铁路和农田等连接成网,一旦发生火灾时可将林火控制在一定范围内,减少损失。

这类设施主要包括:

(1)防火线。阻止火灾蔓延的设施。主要有:国境防火线,在靠近国境无河流、湖泊、公路的地段开设,宽度 50 ~ 100 m;铁路防火线,在铁路两侧开设,宽度 30 ~ 50 m;林缘防火线,在森林与草原交接地带或在森林边缘开设,以防草原火、沟塘火等烧入林内,宽度 30 ~ 50 m;林内防火线,为防止森林火灾在林内无止境蔓延而开设,宽度一般为 20 ~ 30 m,以不小于主林木高度的 1.5 倍为宜。两条防火线之间距离一般为 5 ~ 8 km。开设防火线要因地制宜,开设的方法有人工割草法、爆破法、机耕法、火烧法和化学除草法等。

(2)防火沟。将树根、腐殖质或泥炭等切断,是阻止地下火蔓延的主要设施。沟面宽约 1 m,沟底宽约 0.3 m,深度取决于泥炭层的厚度,一般沟深要比地下水位或土壤矿质层低 0.25 m,沟壁喷洒化学灭火剂,沟的方向与当地的主风方向垂直。

(3)防火林带。针叶树的叶、枝、干和果实等一般都含有松脂等易燃物质,容易发生树冠火。在大面积的针叶林内,营造阔叶树防火林带,以代替防火线,是防止树冠火蔓延的一种既省工且有效的设施。林带一般宽 30 ~ 50 m 或更大。树种应选择含水分多、不易燃、耐火性强、枝叶茂盛、生长迅速、郁闭快的当地常绿或落叶的阔叶树，如黄柏、杨树、榆树、木荷、茶树、油茶、栲树等。宜适当密植，并营造多层结构林。林带与防火季节主风方向垂直，并应封闭成网。在山地应设在针叶幼林边缘或山脊部分，大面积飞播针叶树种前，要先进行防火林带的规划。

(4)瞭望台。发现林火、观测火情、确定火位的设施。多建立在视野开阔的制高点上，瞭望半径 15 ~ 25 km 为宜。组设成网，台内配备方位盘、地图、望远镜和通信设备等。一旦发现火情，根据两个瞭望台的观测，用交叉法在地图上确定火场位置，迅速作出火情报告。

3)航空巡护

在偏远、人烟稀少、交通不便的林区，应用小型飞机或直升飞机进行巡护，及时发现火情，增强报警能力，为森林火灾扑救提供有关火场位置、面积和火灾种类的可靠信息。飞机巡护前根据飞机类型和林区条件划分巡护区。一般在每天白天 10 ~ 14 时飞行，巡护森林面积可达 100 万 ~ 150 万 hm^2。飞机高度以 1 500 ~ 1 800 m 为宜，视程可达 40 ~ 50 km。

确定火场位置一般有 3 种方法：

(1)目测法。即利用地面明显地物标(如道路、河流等)确定火场位置。

(2)交叉法。按出火场地附近两个明显地物标，飞机先后分别通过两个地物标和火场上空，测得两次航线的交叉点即火场位置。

(3)航线法。飞机从一个地物标以直线飞向火场，根据飞行方向、速度和时间确定火场位置。

5.1.4 森林扑火

5.1.4.1 扑火阶段

根据森林火灾发生规律和扑火特点，扑救森林火灾必须遵循“先控制，后消灭，再巩固”的程序，分阶段地进行。

(1)控制火势阶段。控制火势阶段是初期灭火阶段，其任务主要是封锁火头，控制火势，把火势限制在一定的范围内燃烧，也是扑火的最紧迫阶段。

(2)稳定火势阶段。在封锁火头，控制火势后，必须采取更有效地措施扑打火翼（火地两侧部），防止火向两侧扩展蔓延，是扑火的最关键阶段。

(3)清理余火阶段。火被扑灭后，必须在火少迹地上进行巡逻，发现余火要立即熄灭。

(4)看守火场阶段。主要任务是留守人员看守火场。一般荒山和幼林地起火监守 12 个小时，中龄林、成龄林地起火监守 24 个小时以上，方可考虑撤离，目的是防止余火复燃。

5.1.4.2　灭火方法

扑灭森林火灾主要有两种形式：一种是直接灭火方法（也称积极灭火方法或进攻型灭火方法），另一种是间接灭火方法（也称建立防火线隔离方法或以守为攻型灭火方法）。

1）直接灭火方法

直接灭火方法是使用灭火机具直接与火交锋，使火停止燃烧。这种方法一般适用于弱度、中度地表火（人能靠近灭火），不适合猛烈燃烧的大火或树冠火。直接灭火法采用的机具很多，可以使用机械扑火工具，也可以用化学灭火药剂、水、土。

2）间接灭火方法

间接灭火方法主要是建立防火隔离带，如开防火线、挖防火沟、以火攻火等。它主要适用于猛烈燃烧的地表火、树冠火和难灭的地下火。

间接灭火方法主要用于扑救大面积、大强度、大风条件下的火灾和阻止大面积荒火烧入林内的情况。主要方法是利用河流、道路和山脊作为依托条件开设防火线，阻隔火的蔓延。

(1)人工开设防火线。在火前方一定距离，选择与主风方向垂直，植被较少的地方，人工开设防火线，并清除防火线上的一切可燃物质。防火线宽度一般不少于 30 m,长度应视火头蔓延的宽度而定,伐倒的植被倒向火场一边。开设防火线时要强调质量,不符合质量要求的要立即返工。防火线形成后,要派足够人员在外侧守护,严防火烧越防火线。

(2)火烧防火线。火烧防火线的技术性强,危险性大,如掌握不好极易跑火。因此,必须选择有经验的指挥员指挥,组织足够人力,选好风向,在三级以下风力时进行。风力太大不宜使用。

火烧防火线一般选择在火头的前方,利用河流、道路作依托条件,迎着火头,在火头前进的方向的对侧开始点火,利用风力灭火机使火向火场方向蔓延,两火相遇产出火爆,降低空气中氧气的含量,而将火熄灭,阻止火蔓延。采用火烧防火线方法灭火时,点火人员一般相间 5 m,向同一方向移动同时点火。逆风火速一般小于 60 m/s,为了使大火烧到时能烧开 100 m 以上的区域,点火则应该提前 20 ~ 30 分钟进行,可以采用拉多道火线的方法逆风点火。

5.1.5 灾中自救

在森林火灾中对人身造成的伤害主要来自高温、浓烟和一氧化碳,容易造成热烤中暑、烧伤、窒息或中毒,尤其是一氧化碳具有潜伏性,会降低人的精神敏锐性,中毒后不容易被察觉。因此,一旦发现自己身处森林着火区域,应当使用沾湿的毛巾遮住口鼻,附近有水的话最好把身上的衣服浸湿,这样就多了一层保护。然后要判明火势大小、火苗延烧的方向,应当逆风逃生,切不可顺风逃生。

5.1.5.1 自救常识

在森林中一旦遭遇火灾,应当尽力保持镇静,就地取材,尽快作好自我防护,可以采取以下防护措施和逃生技能,以求安全迅速逃生。

(1)在森林中遭遇火灾一定要密切注意风向的变化,因为这说明了大火的蔓延方向,这也决定了你逃生的方向是否正确。实践表明,现场如刮起 5 级以上的大风,火灾就会失控。如果突然感觉到无风的时候更不能麻痹大意,这时往往意味着风向将会发生变化或者逆转,一旦逃避不及,容易造成伤亡。

(2)当烟尘袭来时,用湿毛巾或衣服捂住口鼻迅速躲避。躲避不及时,应选在附近没有可燃物的平地卧地避烟。切切不可选择低洼地或坑、洞,因为低洼地和坑、洞容易沉积烟尘。

(3)如果被大火包围在半山腰时,要快速向山下跑,切忌往山上跑,通常火势向上蔓延的速度要比人跑的快得多,火头会跑到你的前面。

(4)一旦大火扑来的时候,如果你处在下风向要做决死的拼搏,应果断地迎风对火突破包围圈。切忌顺风撤离。如果时间允许可以主动点火烧掉周围的可燃物,当烧出一片空地后,迅速进入空地卧倒避烟。

(5)顺利地脱离火灾现场之后,还要注意在灾害现场附近休息的时候要防止蚊虫或者蛇、野兽、毒蜂的侵袭。集体或者结伴出游的朋友应当相互查看一下大家是否都在,如果有掉队的应当及时向当地灭火救灾人员求援。

5.1.5.2 自救方法

一旦被林火围困或袭击,要果断决策,迅速选择突围和避火路线,采取正确的避火方法,避免发生伤亡事故。主要避火方法如下:

(1)点火解围。无河流、小溪、道路为依托时,在时间允许的情况下,使用点火器点顺风火,扑火队员跟火进入火烧迹地避火,并用手扒出地下湿土,紧贴湿土呼吸或用湿手巾捂住口鼻防止一氧化碳中毒。

(2)强行顶风冲越火线。当点火或其他条件不具备时,切忌顺风跑,要选择已经过火或杂草稀疏、地势平坦的地段,用衣服蒙住头部,快速逆风冲越火线,进入火烧迹地即可安全脱险。

(3)卧倒避烟(火)。在点火解围来不及,就近有河流(河沟)、无植被或植被稀少的迎风平坦地段时,用水浸湿衣服蒙住头部,两手放在胸部,卧倒避烟(火)。卧倒避烟(火)时,为防止烟雾呛昏窒息,要用湿毛巾捂住口鼻，并扒个土坑，紧贴湿土呼吸，可避免烟害。

(4)快速转移。发现大火袭来，人力无法控制时，只要时间允许，迅速转移到安全地带，避免发生伤亡。

5.2 赤 潮

5.2.1 概述

赤潮是在特定的环境条件下，海水中某些浮游植物、原生动物或细菌暴发性增殖或高度聚集而引起水体变色的一种有害生态现象。赤潮是一个历史沿用名，它并不一定都是红色，实际上是许多赤潮的统称。赤潮发生的原因、种类和数量的不同，水体会呈现不同的颜色，有红颜色或砖红颜色、绿色、黄色、棕色等。需要指出的是，某些赤潮生物(如膝沟藻、裸甲藻、梨甲藻等)引起赤潮有时并不引起海水呈现任何特别的颜色。

随着现代化工农业生产的迅猛发展，沿海地区人口的增多，大量工农业废水和生活污水排入海洋，其中相当一部分未经处理就直接排入海洋，导致近海、港湾富营养化程度日趋严重。同时，由于沿海开发程度的增高和海水养殖业的扩大，也带来了海洋生态环境和养殖业自身污染问题；海运业的发展导致外来有害赤潮种类的引入；全球气候的变化也导致了赤潮的频繁发生。

赤潮的发生，破坏了海洋的正常生态结构，因此也破坏了海洋中的正常生产过程，从而威胁海洋生物的生存。有些赤潮生物会分泌出黏液，粘在鱼、虾、贝等生物的鳃上，妨碍呼吸，导致窒息死亡。含有毒素的赤潮生物被海洋生物摄食后能引起中毒死亡。人类食用含有毒素的海产品，也会造成类似的后果。大量赤潮生物死亡后，在尸骸的分解过程中要大量消耗海水中的溶解氧，造成缺氧环境，引起虾、贝类的大量死亡。

5.2.2 主要危害

赤潮不仅给水体生态环境造成危害，也给渔业资源和生产造成重大经济损失，而且还给旅游业和人类带来了危害，已成为全球性的海洋灾害之一。

5.2.2.1 赤潮对海洋生态平衡的破坏

海洋是一种生物与环境、生物与生物之间相互依存、相互制约的复杂生态系统。系统中的物质循环、能量流动都是处于相对稳定、动态平衡的。当赤潮发生时，这种平衡遭到干扰和破坏。在植物性赤潮发生初期，由于植物的光合作用，水体会出现高叶绿素 a、高溶解氧、高化学耗氧量。这种环境因素的改变，致使一些海洋生物不能正常生长、发育、繁殖，导致一些生物逃避甚至死亡，破坏了原有的生态平衡。

5.2.2.2 赤潮对海洋渔业和水产资源的破坏

赤潮破坏鱼、虾、贝类等资源的主要原因如下：

(1)破坏渔场的饵料基础，造成渔业减产。

(2)赤潮生物的异常暴发繁殖，可引起鱼、虾、贝等经济生物机械堵塞，造成这些生物窒息而死。

(3)赤潮后期，赤潮生物大量死亡，在细菌分解作用下，可造成水体环境严重缺氧或者产生硫化氢等有害物质，使海洋生物缺氧或中毒死亡。

(4)有些赤潮的体内或代谢产物中含有生物毒素，能直接毒死鱼、虾、贝类等生物。

5.2.2.3 赤潮对人类健康的危害

有些赤潮生物分泌赤潮毒素，当鱼、贝类处于有毒赤潮区域内，摄食这些有毒生物，虽不能被毒死，但生物毒素可在体内积累，其含量大大超过食用时人体可接受的水平。这些鱼虾、贝类如果不慎被人食用，就引起人体中毒，严重时可导致死亡。

由赤潮引发的赤潮毒素统称贝毒，目前确定有 10 余种贝毒，其毒素比眼镜蛇毒素高80倍，比一般的麻醉剂（如普鲁卡因、可卡因）还强10万多倍。贝毒中毒症状为：初期唇舌麻木，发展到四肢麻木，并伴有头晕、恶心、胸闷、站立不稳、腹痛、呕吐等，严重者出现昏迷，呼吸困难。赤潮毒素引起人体中毒事件在世界沿海地区时有发生。据统计，全世界因赤潮毒素的贝类中毒事件有300多起，死亡300多人。

5.2.3 预防措施

为保护海洋资源环境，保证海水养殖业的发展，维护人类的健康。避免和减少赤潮灾害，结合实际情况，对预防赤潮灾害采取相应的措施及对策。

1）控制污水入海量，防止海水富营养化

海水富营养化是形成赤潮的物质基础。携带大量无机物的工业废水及生活污水排放入海是引起海域富营养化的主要原因。我国沿海地区是经济发展的重要基地，人口密集，工农业生产较发达，然而也导致大量的工业废水和生活污水排入海中。据统计，占全国面积不足5%的沿海地区每年向海洋排放的工业废水和生活污水近70亿t。随着沿海地区经济的进一步发展，污水入海量还会增加。因此，必须采取有效措施，严格控制工业废水和生活污水向海洋超标排放。按照国家制定的海水标准和海洋环境保护法的要求，对排放入海的工业废水和生活污水要进行严格处理。

控制工业废水和生活污水向海洋超标排放，减轻海洋负载，提高海洋的自净能力，应采取如下措施：

（1）实行排放总量和浓度控制相结合的方法，控制陆源污染物向海洋超标排放，特别要严格控制含大量有机物和富营养盐污水的入海量。

（2）在工业集中和人口密集区域以及排放污水量大的工矿企业，建立污水处理装置，严格按污水排放标准向海洋排放。

（3）克服污水集中向海洋排放，尤其是经较长时间干旱的纳污河流，在径流突然增大的情况下，采取分期分批排放，减少海水瞬时负荷量。

2）建立海洋环境监视网络，加强赤潮监视

我国海域辽阔，海岸线漫长，仅凭国家和有关部门力量，对海洋进行全国监视是很难做到的。有必要把目前各主管海洋环境的单位，沿海广大居民，渔业捕捞船，海上生产部门和社会各方面力量组织起来，开展专业和群众相结合的海洋监视活动，扩大监视海洋的覆盖面，及时获取赤潮和与赤潮有密切关系的污染信息。监视网络组织部门可根据工作计划，组织各方面的力量对赤潮进行全面监视。特别是赤潮多发区，近岸水域、海水养殖区和江河入海口水域要进行严密监视，及时获取赤潮信息。一旦发现赤潮和赤潮征兆，监视网络机构可及时通知有关部门，有组织、有计划地进行跟踪监视监测，提出治理措施，千方百计减少赤潮的危害。

3）加强海洋环境的监测，开展赤潮的预报服务

为使赤潮灾害控制在最小限度，减少损失，必须积极开展赤潮预报服务。众所周知，赤潮发生涉及生物、化学、水文、气象以及海洋地质等众多因素，目前还没有较完善的预报模式适用于预报服务。因此，应加强赤潮预报模式的研究，了解赤潮的发生、发展和消衰机制。为全面了解赤潮的发生机制，应该对海洋环境和生态进行全面监测，尤其是赤潮的多发区，海洋污染较严重的海域，要增加监测频率和密度。当有赤潮发生时，应对赤潮进行跟踪监视监测，及时获取资料。在获得大量资料的基础上，对赤潮的形成机制进行研究分析，提出预报模式，开展赤潮预报服务。加强海洋环境和生态监测：一是为研究和预报赤潮的形成机制提供资料；二是为开展赤潮治理工作提供实时资料；三是以便更好地提出预防对策和措施。

4）科学合理地开发利用海洋

调查资料表明，近几年赤潮多发生于沿岸排污口，海洋环境条件较差，潮流较弱，水体交换能力较弱的海区，而海洋环境状况的恶化，又是由于沿岸工业、海岸工程、盐业、养殖业和海洋油气开发等行业

没有统筹安排，布局不合理造成的。为避免和减少赤潮灾害的发生，应开展海洋功能区规划工作，从全局出发，科学指导海洋开发和利用。对重点海域要作出开发规划，减少盲目性，做到积极保护，科学管理，全面规划，综合开发。另外，海水养殖业应积极推广科学养殖技术，加强养殖业的科学管理，控制养殖废水的排放，保持养殖水质处于良好状态。

5）搞好社会教育和宣传

赤潮一旦发生，其后果相当严重。因此，要经常通过报刊、广播、电视、网络等各种新闻媒介，向全社会广泛开展关于赤潮的科普宣传，通过宣传教育，增强抗灾防灾的意识能力。同时也呼吁社会各方面在全面开发海洋的同时，高度重视海洋环境的保护，提高全民保护海洋的意识。只有保护好海洋，才能不断向海洋索取财富；反之，将会带来不可估量的损失。

5.2.4 治理方法

关于赤潮的治理方法已有多种，如工程物理方法、化学方法以及生物学的方法。在物理法—黏土法中，目前国际上公认的一种方法是撒播黏土法。利用黏土微粒对赤潮生物的絮凝作用去除赤潮生物，撒播黏土浓度达到 1 000 mg/L 时，赤潮藻去除率可达当 65% 左右，有报道称在小型实验场去除率可达 95% ~99%。20 世纪 80 年代初，日本在鹿儿岛海面上进行过具有一定规模撒播黏土治理赤潮的实验。1996 年韩国曾用黏土制剂治理海域赤潮。

化学除藻法是利用化学药剂对藻类细胞产生的破坏和抑制生物活性的方法进行杀灭控制赤潮生物，具有见效快的特点。最早使用的化学药剂是硫酸铜，易溶于水，在使用过程中极易造成局部浓度过高而危害渔业，同时在海水的波动下迁移转化太快，药效的持久性差，也易引起铜的二次污染，有机化合物在淡水除藻中具有药力持续时间长、对非赤潮生物影响小等优点，用有机化合物杀灭和去除赤潮生物也已有相关的报道。目前，已有多种化学制剂用于赤潮生物治理的实验研究:如硫酸铜和缓释铜离子除藻剂、臭氧、二氧化氯以及新洁尔灭、碘伏、异噻唑啉酮等有机除藻剂。

生物学方法治理赤潮的办法主要有三个方面:一是以鱼类控制藻类的生长;二是以水生高等植物控制水体富营养盐以及藻类;三是以微生物来控制藻类的生长。其中由于微生物易于繁殖的特点,微生物控藻是生物控藻里最有前途的一种控藻方式。这些杀藻微生物主要是包括细菌(溶藻细菌)、病毒(噬菌体)、原生动物、真菌和放线菌等五类。多数溶藻细菌能够分泌细胞外物质,对宿主藻类起抑制或杀灭作用,因此通过溶藻细菌筛选高效、专一,能够生物降解的杀藻物质是灭杀赤潮藻的一个新的研究方向。目前来说比较现实的方法就是利用海洋微生物对赤潮藻的灭活作用,及其对藻类毒素的有效降解作用,可使海洋环境长期保持稳定的生态平衡,从而达到防治赤潮的目的。

附录1　国家防汛抗旱应急响应

根据《国家防汛抗旱应急预案》，国家防总抗旱应急响应机制共分为四级，最高级别为Ⅰ级，最低级别为Ⅳ级。具体如下：

Ⅰ级应急响应

出现下列情况之一者，为Ⅰ级响应：

1. 某个流域发生特大洪水；

2. 多个流域同时发生大洪水；

3. 大江大河干流重要河段堤防发生决口；

4. 重要大型水库发生垮坝；

5. 多个省、自治区、直辖市同时发生特大干旱；

6. 多座大型以上城市同时发生极度干旱。

Ⅰ级响应行动

1. 国家防总总指挥主持会商，防总成员参加。视情启用国务院批准的防御特大洪水方案，作出相应工作部署，加强防汛抗旱工作的指导，并将情况上报党中央、国务院。按照中央慰问及派工作组的规定派工作组赴一线慰问、指导防汛抗旱工作。必要时，报请中央研究部署防汛抗旱工作。国家防总密切监视汛情、旱情和工情的发展变化，做好汛情、旱情预测预报，做好重点工程调度，并派专家组赴一线加强技术指导。国家防总增加值班人员，加强值班，每天在中央电视台发布《汛(旱)情通报》，报道汛(旱)情及措施。财政部为灾区及时提供资金帮助。国家防总办公室为灾区紧急调拨防汛抗旱物资；铁路、交通、民航部门为防汛抗旱物资运输提供运输保障。卫生部根据需要，及时派出医疗卫生专业防治队伍赴灾区协助开展医疗救治和疾病预防控制工作。国家防总其他成员单位按照职责分工，做好有关工作。

2. 相关流域防汛指挥机构按照权限调度水利、防洪工程；为国家防总提供调度参谋意见。派出工作组、专家组，支援地方抗洪抢险、抗旱。

3. 相关省、自治区、直辖市的流域防汛指挥机构，省、自治区、直辖市的防汛抗旱指挥机构启动Ⅰ级响应，可依法延续本地区的紧急防汛期，按照国家《防洪法》的相关规定，行使权力。同时，增加值班人员，加强值班，由防汛抗旱指挥机构的主要领导主持会商，动员部署防汛抗旱工作；按照权限调度水利、防洪工程；根据预案转移危险地区群众，组织强化巡堤查险和堤防防守，及时控制险情，或组织强化抗旱工作。受灾地区的各级防汛抗旱指挥机构负责人、成员单位负责人，应按照职责到分管的区域组织指挥防汛抗旱工作，或驻点具体帮助重灾区做好防汛抗旱工作。

各省、自治区、直辖市的防汛抗旱指挥机构应将工作情况上报当地人民政府和国家防总。相关省、自治区、直辖市的防汛抗旱指挥机构成员单位全力配合做好防汛抗旱和抗灾救灾工作。

Ⅱ级应急响应

出现下列情况之一者，为Ⅱ级响应：

1. 数省、自治区、直辖市同时发生严重洪涝灾害；

2. 一个流域发生大洪水；

3. 大江大河干流一般河段及主要支流堤防发生决口；

4. 一般大型及重点中型水库发生垮坝；

5. 数省、自治区、直辖市同时发生严重干旱；

6. 多座大型以上城市同时发生严重干旱；

7. 一座大型以上城市发生极度干旱。

Ⅱ级响应行动

1. 国家防总副总指挥主持会商，作出相应工作部署，加强防汛抗旱工作的指导，将情况上报国务院分管领导并通报国家防总成员单位。国家防总加强值班力量，密切监视汛情、旱情和工情的发展变化，做好汛情旱情预测预报，做好重点工程的调度，并派出工作组、专家组赴一线指导防汛抗旱。国家防总办公室不定期在中央电视台发布《汛(旱)情通报》。卫生部派出医疗队赴一线帮助医疗救护。国家防总其他成员单位按照职责分工，做好有关工作。

2. 相关流域防汛指挥机构密切监视汛情、旱情发展变化，做好洪水预测预报，派出工作组、专家组，支援地方抗洪抢险、抗旱；按照权限调度水利、防洪工程；为国家防总提供调度参谋意见。

3. 相关省、自治区、直辖市防汛抗旱指挥机构可根据情况，依法宣布本地区进入紧急防汛期，行使相关权力。同时，增加值班人员，加强值班。由防汛抗旱指挥机构的负责同志主持会商，具体安排防汛抗旱工作，按照权限调度水利、防洪工程，根据预案组织加强防守巡查，及时控制险情，或组织加强抗旱工作。受灾地区的各级防汛抗旱指挥机构负责人、成员单位负责人，应按照职责到分管的区域组织指挥防汛抗旱工作。相关省级防汛抗旱指挥机构应将工作情况上报当地人民政府主要领导和国家防总。相关省、自治区、直辖市的防汛抗旱指挥机构成员单位全力配合做好防汛抗旱和抗灾救灾工作。

Ⅲ级应急响应

出现下列情况之一者，为Ⅲ级响应：

1. 数省、自治区、直辖市同时发生洪涝灾害；

2. 一省、自治区、直辖市发生较大洪水；

3. 大江大河干流堤防出现重大险情；

4. 大中型水库出现严重险情；

5. 数省、自治区、直辖市同时发生干旱灾害；

6. 多座大型以上城市同时发生中度干旱；

7. 一座大型城市发生严重干旱。

Ⅲ级响应行动

1. 国家防总秘书长主持会商，作出相应工作安排，密切监视汛情、旱情发展变化，加强防汛抗旱工作的指导，并将情况上报国务院并通报国家防总成员单位。国家防总办公室派出工作组、专家组，指导地方防汛抗旱。

2. 相关流域防汛指挥机构加强汛（旱）情监视，加强洪水预测预报，做好相关工程调度，派出工作组、专家组到一线协助防汛抗旱。

3. 相关省、自治区、直辖市的防汛抗旱指挥机构，启动Ⅲ级响应，由防汛抗旱指挥机构的负责同志主持会商，具体安排防汛抗旱工作；按照权限调度水利、防洪工程；根据预案组织布防或组织抗旱，派出工作组、专家组到一线具体帮助防汛抗旱工作，并将防汛抗旱的工作情况上报当地人民政府分管领导和国家防总。省级防汛指挥机构在省级电视台发布《汛（旱）情通报》。卫生部门组织医疗队赴一线开展卫生防疫工作。

Ⅳ级应急响应

出现下列情况之一者，为Ⅳ级响应：

1. 数省、自治区、直辖市同时发生一般洪水；

2. 数省、自治区、直辖市同时发生轻度干旱；

3. 大江大河干流堤防出现险情；

4. 大中型水库出现险情；

5. 多座大型以上城市同时因旱影响正常供水。

Ⅳ级响应行动

1. 国家防总办公室副主任主持会商，作出相应工作安排，加强对汛旱情的监视和对防汛抗旱工作的指导，并将情况上报国务院并通报国家防总成员单位。

2. 相关流域防汛指挥机构加强汛情、旱情监视，做好洪水预测预报，并将情况及时报国家防总办公室。

3. 相关省、自治区、直辖市的防汛抗旱指挥机构由防汛抗旱指挥机构负责同志主持会商，具体安排防汛抗旱工作；按照权限调度水利、防洪工程；按照预案采取相应防守措施或组织抗旱；派出专家组赴一线指导防汛抗旱工作，并将防汛抗旱的工作情况上报当地人民政府和国家防总办公室。

附录2　突发地质灾害国家应急响应

地质灾害按危害程度和规模大小分为特大型、大型、中型、小型地质灾害险情和地质灾害灾情四级。

地质灾害应急工作

Ⅰ级应急响应

特大型地质灾害险情和灾情（Ⅰ级）。

受灾害威胁，需搬迁转移人数在1 000人以上或潜在可能造成的经济损失1亿元以上的地质灾害险情为特大型地质灾害险情。

因灾死亡30人以上或因灾造成直接经济损失1 000万元以上的地质灾害灾情为特大型地质灾害灾情。

出现特大型地质灾害险情和特大型地质灾害灾情的县（市）、市（地、州）、省（区、市）人民政府立即启动相关的应急防治预案和应急指挥系统，部署本行政区域内的地质灾害应急防治与救灾工作。

地质灾害发生地的县级人民政府应当依照群测群防责任制的规定，立即将有关信息通知到地质灾害危险点的防灾责任人、监测人和该区域内的群众，对是否转移群众和采取的应急措施做出决策；及时划定地质灾害危险区，设立明显的危险区警示标志，确定预警信号和撤离路线，组织群众转移避让或采取排险防治措施，根据险情和灾情具体情况提出应急对策，情况危急时应强制组织受威胁群众避灾疏散。特大型地质灾害险情和灾情的应急防治工作，在本省（区、市）人民政府的领导下，由本省（区、市）地质灾害应急防治指挥部具体指挥、协调，组织财政、建设、交通、水利、民政、气象等有关部门的专家和人员，及时赶赴现场，加强监测，采取应急措施，防止灾害进一步扩大，避免抢险救灾可能造成的二次人员伤亡。

国土资源部组织协调有关部门赴灾区现场指导应急防治工作，派出专家组调查地质灾害成因，分析其发展趋势，指导地方制定应急防治措施。

Ⅱ级应急响应

大型地质灾害险情和灾情(Ⅱ级)。

受灾害威胁,需搬迁转移人数在500人以上、1 000人以下,或潜在经济损失5 000万元以上、1亿元以下的地质灾害险情为大型地质灾害险情。

因灾死亡10人以上、30人以下,或因灾造成直接经济损失500万元以上、1 000万元以下的地质灾害灾情为大型地质灾害灾情。

出现大型地质灾害险情和大型地质灾害灾情的县(市)、市(地、州)、省(区、市)人民政府立即启动相关的应急预案和应急指挥系统。

地质灾害发生地的县级人民政府应当依照群测群防责任制的规定,立即将有关信息通知到地质灾害危险点的防灾责任人、监测人和该区域内的群众,对是否转移群众和采取的应急措施做出决策;及时划定地质灾害危险区,设立明显的危险区警示标志,确定预警信号和撤离路线,组织群众转移避让或采取排险防治措施,根据险情和灾情具体情况提出应急对策,情况危急时应强制组织受威胁群众避灾疏散。

大型地质灾害险情和大型地质灾害灾情的应急工作,在本省(区、市)人民政府的领导下,由本省(区、市)地质灾害应急防治指挥部具体指挥、协调,组织财政、建设、交通、水利、民政、气象等有关部门的专家和人员,及时赶赴现场,加强监测,采取应急措施,防止灾害进一步扩大,避免抢险救灾可能造成的二次人员伤亡。

必要时,国土资源部派出工作组协助地方政府做好地质灾害的应急防治工作。

Ⅲ级应急响应

中型地质灾害险情和灾情(Ⅲ级)。

受灾害威胁,需搬迁转移人数在100人以上、500人以下,或潜在经济损失500万元以上、5 000万元以下的地质灾害险情为中型地质灾害险情。

因灾死亡 3 人以上、10 人以下，或因灾造成直接经济损失 100 万元以上、500 万元以下的地质灾害灾情为中型地质灾害灾情。

出现中型地质灾害险情和中型地质灾害灾情的县（市）、市（地、州）人民政府立即启动相关的应急预案和应急指挥系统。

地质灾害发生地的县级人民政府应当依照群测群防责任制的规定，立即将有关信息通知到地质灾害危险点的防灾责任人、监测人和该区域内的群众，对是否转移群众和采取的应急措施做出决策；及时划定地质灾害危险区，设立明显的危险区警示标志，确定预警信号和撤离路线，组织群众转移避让或采取排险防治措施，根据险情和灾情具体情况提出应急对策，情况危急时应强制组织受威胁群众避灾疏散。

中型地质灾害险情和中型地质灾害灾情的应急工作，在本市（地、州）人民政府的领导下，由本市（地、州）地质灾害应急防治指挥部具体指挥、协调，组织建设、交通、水利、民政、气象等有关部门的专家和人员，及时赶赴现场，加强监测，采取应急措施，防止灾害进一步扩大，避免抢险救灾可能造成的二次人员伤亡。

必要时，灾害出现地的省（区、市）人民政府派出工作组赶赴灾害现场，协助市（地、州）人民政府做好地质灾害应急工作。

Ⅳ级应急响应

小型地质灾害险情和灾情（Ⅳ级）。

受灾害威胁，需搬迁转移人数在 100 人以下，或潜在经济损失 500 万元以下的地质灾害险情为小型地质灾害险情。

因灾死亡 3 人以下，或因灾造成直接经济损失 100 万元以下的地质灾害灾情为小型地质灾害灾情。

出现小型地质灾害险情和小型地质灾害灾情的县（市）人民政府立即启动相关的应急预案和应急指挥系统，依照群测群防责任制的规定，立即将有关信息通知到地质灾害危险点的防灾责任人、监测人和该区域内的群众，对是否转移群众和采取的应急措施作出决策；及时划定地质灾害危险区，设立明显的危险区警示标志，确定预警信号和撤离路线，组织群众转移避让或采取排险防治措施，根据险情和灾情具体情况提出应急对策，情况危急时应强制组织受威胁群众避灾疏散。

小型地质灾害险情和小型地质灾害灾情的应急工作，在本县（市）人民政府的领导下，由本县（市）地质灾害应急指挥部具体指挥、协调，组织建设、交通、水利、民政、气象等有关部门的专家和人员，及时赶赴现场，加强监测，采取应急措施，防止灾害进一步扩大，避免抢险救灾可能造成的二次人员伤亡。

必要时，灾害出现地的市（地、州）人民政府派出工作组赶赴灾害现场，协助县（市）人民政府做好地质灾害应急工作。